統治世界的貓咪

Esther Pedraza & Almudena Díaz-Miguel
艾絲特・佩卓薩 & 阿穆德納・迪亞茲－米蓋爾———著　謝琬湞———譯

致謝——我聰明的貓,亞歷山大,以及多明哥,
不僅對我百分之百的信任,
而且能懂我的天馬行空。
致敬 每一隻從大街上爬到我家
陽臺尋找食物的「貓王」
既討人喜愛又不失風範,
當然還要謝謝 鏟屎官
貓才能活得如此高貴優雅。

　　　　　　——艾絲特・佩卓薩(Esther Pedraza)

致敬——丹與東尼,
未曾知曉他們養了個帶有貓靈魂的女兒。
致謝 艾絲,我生命中的母獅,
贈予我一頭嗷嗷待哺的毛小孩,
謝謝 大衛,溫暖了我的心
以及 馬塞洛,喵星球旅館的守護天使
　　——阿穆德納・迪亞茲-米蓋爾(Almudena Díaz-Miguel)

目錄

1 彩繪貓眼，活出法老王之姿 ⋯⋯⋯⋯⋯⋯⋯⋯⋯⋯ 9
   三萬隻貓咪木乃伊在歐洲 ⋯⋯⋯⋯⋯⋯⋯⋯ 12
   貓女神的溫和與殘暴 ⋯⋯⋯⋯⋯⋯⋯⋯⋯⋯ 14

2 貓女城中的一千零一隻貓 ⋯⋯⋯⋯⋯⋯⋯⋯⋯⋯ 19
   碼頭中聽到的喵喵 ⋯⋯⋯⋯⋯⋯⋯⋯⋯⋯⋯ 23
   萬惡高譚市的捕頭 ⋯⋯⋯⋯⋯⋯⋯⋯⋯⋯⋯ 25
   警消貓咪 ⋯⋯⋯⋯⋯⋯⋯⋯⋯⋯⋯⋯⋯⋯⋯ 29
   爪子鋒利的公務員 ⋯⋯⋯⋯⋯⋯⋯⋯⋯⋯⋯ 32
   貓比信多的郵局 ⋯⋯⋯⋯⋯⋯⋯⋯⋯⋯⋯⋯ 35
   《太陽報》中最嚴厲的批評家 ⋯⋯⋯⋯⋯⋯ 36
   城市中，掌管秘密俱樂部的卡薩諾瓦貓咪女王 ⋯ 38
   阿岡昆飯店裡的藝術家與貓 ⋯⋯⋯⋯⋯⋯⋯ 40
   安迪・沃荷的貓都叫山姆 ⋯⋯⋯⋯⋯⋯⋯⋯ 42

3 海明威的倖臣六趾貓 ⋯⋯⋯⋯⋯⋯⋯⋯⋯⋯⋯⋯ 46
   雪球，六趾傳奇的開端 ⋯⋯⋯⋯⋯⋯⋯⋯⋯ 48

4 唐寧街的捕鼠大臣 ⋯⋯⋯⋯⋯⋯⋯⋯⋯⋯⋯⋯⋯ 53
   戰火中，依偎在邱吉爾腳邊的尼爾遜 ⋯⋯⋯ 55
   多領兩倍薪水的貓 ⋯⋯⋯⋯⋯⋯⋯⋯⋯⋯⋯ 57
   布萊爾全家都不愛貓 ⋯⋯⋯⋯⋯⋯⋯⋯⋯⋯ 59

4

賴瑞時代與間諜貓 ································ 63
　　貓咪也脫歐影響的 ································ 66

5 貓社區，超自然力量的貓與招財貓 ············ 71
　　短尾貓傳奇：好運連連看 ······················ 73
　　日本貓：從貓寺到貓僧 ························· 76
　　小貓佔領的谷中區 ································ 78
　　貓得家俱，必當泉湧相報 ······················ 79
　　拯救沒落車站的貓咪 ···························· 81
　　日本的馬諾利達女士，小八女士 ············ 83

6 戰爭取勝的貓英雄 ···································· 87
　　西蒙，一爪斃命毛澤東的貓 ··················· 91
　　不沉山姆，逃過三次船難的英雄 ············ 95
　　嗅覺敏銳的湯姆救了軍隊 ······················ 97

7 水上貓咪與阿姆斯特丹的小艇與酒館裡的貓 ······ 102
　　街上沒有流浪動物 ······························· 104
　　發現俄羅斯間諜的暹羅貓 ····················· 106
　　貓咪摩根博物館 ·································· 108

8 在伊斯坦堡海峽中尋找阿拉的神蹟 ··········· 111
　　貓的特權 ·· 113
　　貓電影 ··· 116

5

9 Oh, là, là…，巴黎夜總會的貓 ··········· 124
路西法，黎希留的貓 ··········· 126
太陽王愛上燦亮時 ··········· 129
米賽朵，一隻教皇貓咪 ··········· 131
黑貓夜總會：蒙馬特的貓咪 ··········· 132
全世界第一座動物墓園 ··········· 136
往返星際的費莉塞特 ··········· 139
舒佩特：時尚圈的雅典娜 ··········· 140

10 永恆之城裡的貓 ··········· 144
羅馬中心的貓跡 ··········· 146
只有貓可以居住的古羅馬廣場遺址 ··········· 148
「貓女」代表麥蘭妮 ··········· 148
神聖靈魂與古靈精怪的貓 ··········· 152
在書扉與羅馬陽台之間的貓 ··········· 154

11 俄羅斯貓咪共和國 ··········· 156
貓爪傳奇 ··········· 158
救起的貓要叫副部長 ··········· 161
列寧格勒圍城戰中的英雄 ··········· 162
冬宮勇敢的守護者 ··········· 166
貓的網站與新聞發言人 ··········· 169
領養「隱士」可獲博物館終身免費入場 ··········· 171

波羅的海旁的呼嚕之都 ⋯⋯⋯⋯⋯⋯⋯⋯⋯⋯⋯⋯⋯⋯ 173

12 凱爾特的律法與傳說 ⋯⋯⋯⋯⋯⋯⋯⋯⋯⋯⋯⋯⋯⋯⋯ 178
　　貓咪醫院連續劇 ⋯⋯⋯⋯⋯⋯⋯⋯⋯⋯⋯⋯⋯⋯⋯⋯⋯ 180
　　別惹九命妖精貓 ⋯⋯⋯⋯⋯⋯⋯⋯⋯⋯⋯⋯⋯⋯⋯⋯⋯ 182
　　潘古爾・班，一隻博學的貓 ⋯⋯⋯⋯⋯⋯⋯⋯⋯⋯⋯⋯ 184
　　可怕的黑貓 ⋯⋯⋯⋯⋯⋯⋯⋯⋯⋯⋯⋯⋯⋯⋯⋯⋯⋯⋯ 186

13 泰國，東南亞轉世貓咪的好運 ⋯⋯⋯⋯⋯⋯⋯⋯⋯⋯⋯ 192
　　貓，超高的靈性等級 ⋯⋯⋯⋯⋯⋯⋯⋯⋯⋯⋯⋯⋯⋯⋯ 196
　　在貓眼底下的打坐 ⋯⋯⋯⋯⋯⋯⋯⋯⋯⋯⋯⋯⋯⋯⋯⋯ 198
　　暹羅貓傳奇 ⋯⋯⋯⋯⋯⋯⋯⋯⋯⋯⋯⋯⋯⋯⋯⋯⋯⋯⋯ 200
　　以貓命名的城市 ⋯⋯⋯⋯⋯⋯⋯⋯⋯⋯⋯⋯⋯⋯⋯⋯⋯ 202

14 賽普勒斯，9500 年前人類便寵愛著貓咪 ⋯⋯⋯⋯⋯ 208
　　捉蛇高手 ⋯⋯⋯⋯⋯⋯⋯⋯⋯⋯⋯⋯⋯⋯⋯⋯⋯⋯⋯⋯ 209
　　貓咪與政治 ⋯⋯⋯⋯⋯⋯⋯⋯⋯⋯⋯⋯⋯⋯⋯⋯⋯⋯⋯ 213
　　病毒消滅了大量貓住戶 ⋯⋯⋯⋯⋯⋯⋯⋯⋯⋯⋯⋯⋯⋯ 215

15 席捲冰島的貓咪 ⋯⋯⋯⋯⋯⋯⋯⋯⋯⋯⋯⋯⋯⋯⋯⋯⋯ 217
　　像聖誕節的貓一樣結束 ⋯⋯⋯⋯⋯⋯⋯⋯⋯⋯⋯⋯⋯⋯ 221

埃及青銅雕像的坐貓，製於古埃及後期（公元前 664 年 –350 年）。
沃爾特斯美術館（Walters Art Museum）

1
彩繪貓眼,活出法老王之姿

古代,貓如神一樣尊貴。
貓不曾忘了這點。

——泰瑞‧普萊契 (Terry Pratchett)

約公元前 3000 年,古老神秘的埃及把貓視為高貴神聖的象徵。埃及人不僅是世上最先開始養貓的人,而且他們還賦予貓神聖的地位。在此,我們要潛入這一個奧秘的文化,一窺究竟這段痴戀貓咪的漫漫長史。

貓在埃及人的日常生活中有著崇高的地位,是許多事情的守護者,像是能保護農收無虞,撲滅鼠患,消滅蛇、蠍等有害生物,而且也是人類同居的好伙伴。

不過,對貓的景仰之情不僅限於實際功能,還包含了宗教意涵,就連最著名的《死者之書》讚譽貓咪時,都不只是對其狩獵、陪伴等特質的恭維,還提及所具備的神聖角色。

對埃及人來說,貓是太陽神「拉(Ra)」的化身,並解救埃及與整個宇宙免於淪落至邪惡、毀滅的下場。貓(「拉」)

在黑夜要與象徵混亂、死亡的阿佩普（Apep）進行對峙，頑強抵抗著化身成巨蛇的阿佩普。黑夜的戰役十分重要，因為白日，「拉」（太陽）可以照耀著埃及，讓世界陽光普照、生機盎然、豐饒肥沃。不過在此期間，凱布利（Khepri）神化身的神聖甲蟲，會不停推著太陽穿過整個天穹。

日落時分，甲蟲把太陽推落山頭，黑夜降臨，「拉」便會搭著一艘名為「太陽船」的船開啟冥界夜行。路途中，「拉」遭遇許多危險，跟許多敵人對戰，其中最厲害的大魔王就是象徵混亂死亡的巨蛇，阿佩普。

一隻木乃伊貓，出土於2018年開羅南部薩卡拉（Saqqara），像人類一樣做了防腐處理。一隻聖貓，來自於「芭絲特」女神殿。

為了打敗阿佩普，太陽神化身為一隻巨貓，又名為「芭絲特」。一場激烈纏鬥後，巨貓大勝。「拉」再次成為太陽，並在每一個黑夜迎戰新長出蛇頭的巨蛇。

「芭絲特」是良善的守護者，對抗惡勢力的戰士。在神秘埃及世界中，有無數作品與宗教紀錄書寫此主題。阿蒙（Amon-Ra）神殿（建造在盧克索與卡納克地區，為現今知名的卡納克神廟）每日誦讀《推翻阿佩普之書》，其中也提到神秘之貓。書中記載「芭絲特」是維持宇宙運行的功臣，因為「阿佩普」化身的蛇，是會吞食太陽的多頭蛇怪「雷內努特（Renenet）」，而打敗巨蛇的「芭絲特」，堪稱是宇宙級別的英雄。

太陽變成貓形的時候，是稱為「喵帝（Miuty）」，此字源自古埃及字「喵（miu）」，意思為「貓」。埃及文化中，貓與太陽的連結緊密且深刻。貓被視為太陽最忠誠的守護者，保衛日光，調和世界。

赫拉波羅（Horapolo）是公元四世紀裡很有影響力的埃及祭司，他曾提過赫利奧波利斯城（Heliópolis）的太陽形象是以一隻大公貓的樣子受到崇拜。他表示對這個魔幻物種的崇敬是源自於貓的演化系譜，也就是跟母獅瑟克曼特(Sekhmet) 有關。在神秘的埃及中，瑟克曼特是十分尊貴的象徵。

🐾 三萬隻貓咪木乃伊在歐洲

埃及人對貓咪十分迷戀，時至今日仍有無數的藝術品與小雕像流傳於世。儘管貓雕像的姿態萬種，但最常見的是優雅的王者風範。這其實也反映出貓在埃及社會中的神聖性。

基本上，現在幾個較具代表性的藝術品都是「芭絲特」的雕像，如此可見她在埃及文化中的重要地位。而且，女神的女性身體與貓頭的外貌被視為是埃及宗教最具代表性的形象，有著守護、美貌與生育豐收等象徵意涵。

不過，關於動物的木乃伊製作，並不是只有貓一物種。2019 年便公告出位於開羅以南的薩卡拉（Saqqara）遺跡的七個古墓中，出土了其他動物，並認定為是隸屬於不同時期的法老王。換言之，薩卡拉很可能十分不可思議的是一座為了製作木乃伊與埋葬木乃伊而建立的城市。目前這些從此出的上百具貓、甲蟲木乃伊，以及相關木雕品都收藏於開羅的埃及博物館內。

無論如何，埃及人對貓的喜愛是無庸置疑的。另外一個例子是獅身人面像，更為尼羅河畔的遺跡增添更多的璀璨神秘的色彩。

然而，薩卡拉還不是木乃伊出土最多的。在現今稱為的布巴斯提斯（Bubastis）的塔勒拜斯泰（Tell Basta）古代遺跡挖掘過程中，驚人的發現到一處葬有貓咪木乃伊的廣大墓地，其中最令人驚訝的是動物木乃伊的防腐步驟，是跟人類一樣的方式，全都小心翼翼的把四肢擺放成安息狀態，並謹慎的包裹起來，一旁的陪葬品還有牛奶罐與轉世後的必需品。

一隻貓逝世後,其棲身之處的家庭會為其哀悼,會有穿喪服、理頭、剃眉等追悼的表現。並且,他們也會將貓咪製成木乃伊,埋葬於有名的貓咪公墓之中,像是貝尼‧哈桑(Beni Hasan)城在 1888 年便發現近三十萬具的木乃伊貓,其中有幾副還是貓形的石棺。

「芭絲特」女神,貓頭與女性軀體,象徵著母性的家庭和樂安康,以及太陽慈愛的人格化。是女人崇敬的對象。這是古埃及後期的青銅雕像(約西元前 664 年 - 西元 30 年),現收藏於大都會藝術博物館。

十九世紀末，木乃伊成為炙手可熱的商品，古墓探險家們在熱情挖掘過程中，無意中發現到這些可以讓他們大發橫財的古墓。二十多噸的木乃伊貓咪被運往英國利物浦，在那裡進行拍賣。最終木乃伊極其悲哀地在英國郊區淪為熱銷商品。實實在在的褻瀆了這些神化的物種！

當然，古埃及關於貓的事蹟還不止如此。他們認為貓咪睡覺曲成一團的樣子，象徵著不死輪迴與智慧，堅信貓的眼睛為在黑暗的地球，映射出太陽的光芒與力量，能夠在深夜中保護我們遠離惡運。崇敬之心隨著時間愈加深厚，十分尊敬貓咪在夜間放大虹膜所散發出的獨特眼神，認為全都與日、月相連，與地球、潮汐相關。

因此，埃及的女人會仿妝貓眼，在眼睛周圍塗上 kohl（美妝工具）眼影，表達對貓的崇敬。當然，這同時也反映出貓在其文化的神聖性。

🐾 貓女神的溫和與殘暴

埃及文化中，貓咪性情的雙面性是透過「芭絲特」與「賽赫邁特（Sejmet）」等兩位女神明睿的一面來呈現。

關於這兩位女神的身份，一般有兩種解釋，其一是堅信祂們為兩個截然不同的物種，另一個是認為僅只有一個神，但用不同面貌來表現個性上的差別。

「芭絲特」代表著溫馴的家貓，外表是一顆黑貓的頭與女性身體，耳垂總是掛著耀眼的耳環，胸口有一串奪目的項鍊，

但常常會被連身長袍掩蓋住其飾品的光芒，手中握著 ankh（象徵生命的埃及十字符）。偶爾，她身旁也會有一窩小奶貓。假若把女神化身此面向的話，主要是跟生產創造、守護家庭，以及與世無爭的和平性格有關。她是太陽升起之處的東方女神。

而且，因為她不僅有月亮的特性，又有太陽開明、生機勃勃等溫暖的一面，女性在懷孕時期都會配載「芭絲特」的護身符，請求保佑懷孕生產過程順利平安。

在現今為人所知的布巴斯提斯城的前身，名為塔勒拜斯泰的埃及古城，是對「芭絲特」信仰最深的地方，其實此處便是我們方才提過數百隻木乃伊貓咪出土的地方。那些貓咪都養在女神殿中，某些歷史學家把這種宗教狂熱，視為是基督文化信仰聖母瑪麗亞的前身。

另一個「賽赫邁特」，她的外表是女性身體與女獅子的頭。獅毛上方由太陽圓盤裝飾。她是破壞、戰爭與復仇的女神。她的殘暴可以守護住在戰場上的法老王。當「芭絲特」掌管東方之地時，日落降臨黑暗的西方則是由「賽赫邁特」駕御。

傳說「賽赫邁特」的怒氣十分駭人，唯有安撫她，信徒才能借用她的力量來對抗敵人，遠離虛弱疾病，獲取生命力。因此，她也是治病的女神。祭司每天為了平息她的怒氣，都會在各種不同女神雕像前進行祭典儀式。這也就說明為何她的形像如此多種。在阿蒙霍特普三世（Amenhotep III）神廟裡保存了700多尊雕像。

據說她是被父親（拉）派到地球來懲戒邪惡之人的，然而她的怒氣之大，導致傷的不只是壞人，更波及無辜，恐將引發

了一場大屠殺。拉在面對整個人類將被她毀滅的威脅之前，派出智慧之神托特（Thoth）來平息憤怒。托特發明了一種染成像玫瑰一樣紅的酒類，讓「賽赫邁特」誤以為是鮮血而痛快暢飲，後來飲酒過度，酣睡過去。當她醒來之後，殘暴的她已轉化成溫暖恬靜的貓頭女神芭絲特。

暴戾女神變身成另一個女神的想法深植於人民心裡，甚至在埃及成為羅馬行省後，至西元前 525 年，波斯王岡比西斯二世（Cambises II）抵達之際，人民對「芭絲特」的崇敬不曾減少半分。岡比西斯二世在進入埃及時，十分清楚貓在埃及人的

埃及貓（mau）最獨特之處，額頭上印有甲蟲的形象。

地位，因此他讓活生生的貓作為開路先峰的盾牌，而在他狡猾的策劃之下，埃及人為了不傷害貓，也就沒有對入侵者進行攻擊。

古老的埃及人對於自身能夠有驚人的科技發展，生活富裕，以及有能力訓練軍隊抵抗外患侵擾，都是歸於成功的農業系統。然而，他們也認同這一切若沒有貓，是不可能成功的，是貓守護住耕作、收成與穀物。

皇室紀錄中，可以發現到埃及豔后（Cleopatra）有一隻貓叫喵（Mau），這是源自非洲品種，歐洲是在1950年才見其蹤跡，當時是由俄羅斯公主娜塔麗亞（Natalia Trouberskoy）從開羅引進至歐洲大陸。然後，五〇年代末，「Mau」正式認可為短毛貓的品種。「Mau」的皮毛細緻絲滑，毛色斑駁，擁有霧面的銀、銅色。「Mau」在埃及話中就是「貓」的意思，並且在法老王時代中被視為貓咪中最至高無上的化身。

十分遺憾的是，埃及人現在並不像以往一樣那麼在乎貓的存在了。不過，假若埃及人早就認證了貓咪能統治世界，那我們還需要為什麼事煩惱呢？

1925 年，紐約市，一名警察管治交通，好讓一隻貓能夠叼著自己的小奶貓通行。

2
貓女城中的一千零一隻貓

如果人類能與貓結合，
人類會好多了，只是貓就毀了。

——馬克・吐溫（Mark Twain）

　　紐約，不夜城，夢想隨著鋼筋水泥拔地而起，飛揚於美國東岸。一棟棟摩天大樓如巨石般抵抗著時間摧殘與地心引力向下崩落的拉力。每一棟大樓都是現代巴別塔，孕育上千個不同的故事，上千條生命在各自混沌的律動中交纏著野心與渴望。

　　然而，雖然以前城市發展十分迅速，卻更有包容力，報章雜誌重視更多人與動物相互依賴取暖的故事。

　　1899 年，海軍上將杜威（Dewey）把不堪一擊的西班牙老海軍打敗之後，紐約市為了迎接他的歸來，準備大肆慶祝一番，決定在第五大道上以杜威（Dewey Arch）之名建造凱旋門與紀念碑。

　　然而，由於沒有充足時間來完善工程，所以一開始這些建築雕塑只用石膏版做個模樣出來，然後等待慶典結束之後，再添補更為堅硬可靠的材質。

可是就在慶典結束後，拱門開始腐朽，出現許多大洞，其中有一個洞被一隻叫奧林比亞（Olympia）的灰貓趁機占據並住在裡頭，在那裡開始繁衍自己的後代。

那一處的貓咪家族事蹟，是由《紐約先驅報》（New York Herald）率先披露出來，報導中表示在聖誕節的前兩週，在第五大道旅館門口排班的計程車司機發現這一窩貓的藏身之處。其後，那條街的商家開始為這些小動物送上毛毯與床墊，好挨過這個酷寒冬日。此外，還有飯店員工送上自家精緻套餐。

從警察到計程車司機都齊心一致要保護好這一窩療癒系的貓族，以免棲居之地遭受有心人士破壞。聖誕節當日的晚餐，菜餚更是豐盛像偉大君王的晚宴一般。當時《紐約時報》（The New York Times）認為這群獲得如此多關愛的貓咪，可以說是城裡最幸福的貓了。

其實紐約在當時已經是商業高度發達的城市，無處不是生意，各行各業、人來人往，商機無限。所以，儘管市民紛紛開始把奧林比亞的家族一隻隻抱回家中收養，但仍未阻止投機份子從中看到的商機，不錯過這次大賺一筆的機會。幾個機敏的市民要求自己的小孩跑遍整個紐約市的大街小巷，抱回所有在街上看到的小奶貓。據說一隻能賣一塊，還附保證貓咪是來自杜威凱旋門的。這些人可算是真的大發利市了。

當然，詐騙不可取，但如果此事為真，那還是要感激那些「誘騙犯」在街上找出那麼多的流浪貓，至少最後為貓咪提供了安穩舒適生活的可能。

從這幾個故事看來，在十九世紀時，貓與市民之間有著微

妙親密的關係，而這種關連性若發生在街道宛如大迷宮的紐約港碼頭中，我們來進一步看看會是什麼情況。

十九世紀末的最後幾年，布魯克林造船廠（Brooklyn Navy Yard）擔任起一個十分獨特的角色，即成為一處收容站，專門收養曾在美國軍艦服務過的官方寵兒。而這主要感謝一名海軍的日記，靠著這本日記，讓1898年哈瓦那港口緬因號戰艦（USS Maine）爆炸事件中倖存下來的兩隻小動物，沒有被遺忘在歷史的塵埃中，而獲得了營救的機會。

那兩隻動物分別是虎斑貓湯姆（Tom），與忠犬巴哥佩琪（Peggy），兩隻都是九〇年代特選成員，而且也是那一趟悲慘旅程的倖存船員。湯姆出生於1885年海軍造船廠中，他目光堅毅有神，十分受到海軍的敬愛。事實上，湯姆的職涯一開始是服務於明尼蘇達號（USS Minnesota），但因為他所屬的上級指揮官之一被派往這艘船，忠心耿耿的湯姆也就跟著調職到與自己敬愛的長官同樣的工作地點。如此一來，他的命運也就被帶往緬因號戰艦上了。

智勇雙全的湯姆在船上的任務主要是看守炸藥，以防價值連城的彈藥受到老鼠利爪的侵蝕破壞。

1898年1月，緬因號戰艦從佛羅里達州的西礁島出航，前往古巴的哈瓦那。此次航行的任務是要保護古巴獨立戰爭中美方的利益。三週後，2月15日，約晚間9點40分，軍艦前半段部份遭到炸毀，船身開始下沉。

那駭人的瞬間，湯姆正安穩的沉睡在下方三層夾板處，所以他直接被坍塌的甲板活埋了。生還的人全都嚇得驚慌失措魂

飛魄散，顧不及湯姆在災難當下的處境。隔天，發現湯姆的是溫賴特（Wainwright）總司令，他十分驚訝的發現湯姆竟然還活著，孤零零的在海上倚著木板碎片，載浮載沉，發出絕望的嗚咽。他的一隻腳受傷了，不過受到照顧沒多久，便完全康復，再次回到軍旅生活。

如上所見，我們不得不承認貓咪既神秘又高深莫測，可能生命早已經歷過最不可思議的冒險，甚至也發生過最不幸的遭遇。不過，這些神秘又獨立的海軍貓咪，卻差點被一條戰爭法規終止傳奇：當時軍艦出發前被禁止鳴笛，結果讓許多貓咪來不及跟上船，導致上百隻貓在第一次與第二次世界大戰期間，毫無預警的陷在雀兒喜碼頭中，於擱淺的廢棄船中餐風露宿。

在戰爭打得最火熱的時候，紐約港的船運流量也十分龐大，每十五分鐘就有船隻從雀兒喜碼頭揚帆出航，載著軍團趕快投身到戰地之中。而且，這些船中，有許多都是以前觀光渡船改造成的軍旅運輸工具。

事實上，在禁止鳴笛令發佈前，船隻在起程前會有三次發出響徹雲霄的喇叭鳴響：首先是拔錨前三十分鐘；然後，前十五分鐘，最後是起程前五分鐘。而後來禁鳴，是因為在戰爭期間，為了不讓這些船鳴與空襲警報混雜在一起，但也正因如此，讓在陸地巡邏的貓錯過一起與船舶離開的時機。如此一來，當船要起程時，無數貓咪就被留在陸地上了。

長久下來，碼頭的巡邏人員身旁總會有 15 至 20 隻貓咪跟著，焦急等著吃上一口飯，而碼頭是貓咪地盤的說法，也就此傳開來了。

🐾 碼頭中聽到的喵喵

十九世紀中葉，紐約已是美國最大的城市了。九〇年代由此進出的移民與貨物，讓紐約港成為世界上名副其實的國際大港。而且，在那裡的布魯克林造船廠，開啟了貓與人之間的勞動契約關係。

官方歷史紀錄顯示，當時世界各國從未如同美國海軍一樣，把貓視為正規成員。起因是鮑爾斯（Bowles），他是一位在布魯克林造船廠工作的造船師傅，他總是叮囑從中庭經過的人不可對那些對到處亂晃的貓咪帶有輕視厭惡的態度。對那些工人而言，這樣的態度是一種對貓的認可，是不知疲憊的守護者應得的，因為這些貓咪勞工可不曾從政府身上獲得任何好處。喵咪巡邏隊的存在讓鼠輩活動不致於太過猖狂，而這就足以可為山姆大叔省下一筆可觀的支出。而且人類付出的就只是晚餐的廚餘而已。

過去，布魯克林造船廠並不是貓咪的棲地，而是老鼠肆虐之處。機關工作人員試過各種方法，從佈置陷阱到放毒，就是為要消滅這場令人絕望的鼠患，但一切都是徒勞。老鼠似乎懂得辨識陷阱，身體強壯到具有抗藥性，大筆的花費全都付之一炬。每一年，造船廠的每一個碼頭都有修繕作業，要修理包含鏈條、備用帆與其他更大、繁雜的毀損物品。然而，自從基地允許帶進第一貓後，鼠輩就決定另謀出路，遷往別處更安穩的地方。

在捕鼠專家中，湯姆與咪妮（Minnie），這兩隻黑色虎斑花紋貓是負責看守發電部門。兩隻貓的體型差異甚大，湯姆十

分大隻，而咪妮大概比一般的貓還要小。不過，根據工人所言，她是全世界海軍造船廠基地中最會捕鼠的貓了！

　　紐約港的日誌登載了咪妮的勞動成果，表示她孤身一隻就能戰勝跟她體型差不多的老鼠，認為該頒給咪妮一面金牌，感謝她守護住美國政府的財產。

　　除了湯姆與咪妮之外，傑利（Jerry）是另一隻在造船廠後勤倉庫的捕鼠好手。在他加入前，倉庫是肥滋滋的家鼠與大鼠的天下。船廠的製帆師考恩（Cowan）說過那些愛咬東西的老鼠十分陰險奸詐，就算是大白天也敢穿梭在工人之間，在高處流竄。不過在貓的幫忙下，人類真的是大大鬆了一口氣。

　　傑利是唯一一隻曾經跟著美國軍艦航行兩次的貓，他常常會離開造船廠，獨自遠行，最長消失近一個月，不過只要零件室的老鼠開始橫行，他就又回來了。

　　包柏・杜克（Bob Duke）是海軍造船廠修理室的一員。他的貓叫珍妮（Jennie），常誇讚自己的貓是世上至今最強的捕鼠王。不過，在員工之中，有個廚師認為他的白貓「聖女貞德（Juana de Arco）」才真的叫厲害，時常較勁要跟珍妮拼個高下，表示貞德就算不是來自紐約的貓谷（Cat Hollow），而是平凡的奧馬哈（Omaha），一樣也能敏捷偵測到老鼠的蹤跡。

　　不過，這些機械室工人認為「聖女貞德」最傑出能力，是不用時鐘也抓得準時間。事實上，在「聖女貞德」來了之後，大家都靠她來對時，因為她總是在凌晨十二點前五分鐘現身抓老鼠，每天固定的如日出、日落一樣。而所有這些故事，都還上了報紙被刊載下來。

🐾 萬惡高譚市的捕頭

1915 年，紐約警局登載了上百隻家貓檔案，每一隻貓咪都擔負居家環境衛生、免於鼠患的重責大任。當然，每一隻都很重要，不過其中有三隻特別突出，占據了九〇年代紐約日報各大版面。

第一位主角是在 1904 年，《紐約時報》與城市內的其他報紙開始爭相報導一隻偷吃牛排的無賴比爾（Bill）。

事情發生在六月份，比爾是伊根（William E. Egan）警官轄下的官方指定的捕鼠高手。每日，警官的兒子都會帶午餐到父親的工作場所，而就在有一天的午餐是超級美味肥嫩的丁骨牛排 T-bone 時，警官一時不察，一轉眼便看見比爾一口叼住了自己正迫不及待要大啖的美食。其實這種事很常見，但這一次警官不願輕饒。

警官在《紐約時報》的採訪中表示，比爾以偷竊罪被「逮捕」，晚點要帶到總長前提訊。

另一隻成為各大媒體頭版焦點的，是在幾年過後的 1911 年，那年有一隻名為皮特（Pete）的美麗白貓，他不僅是警局小隊長彼得・布雷迪（Peter Brady）最疼愛的一隻貓，而且還是第一隻在眾目睽睽下進行絕食罷工的貓。

事實上，貓咪天生就很有個性。皮特生來就特別固執，愛恨分明。他最愛的地方是警局辦公桌，喜歡慵懶的在那兒賴著不走。如果被輪班的小隊長趕走，皮特會鬧脾氣跑到一處無人的角落，獨自待著。

二十世紀初,每一隻「高譚市的守衛者」在警局都有高規格待遇,畢竟能讓警局裡面到處亂跑的老鼠消失,實在很難不受到隊長的疼愛。

　　1911 年的 7 月,布雷迪小隊長被指派到別的分局,皮特便開啟了絕食。他連著好幾天待在地下室不肯離開,對警方拿出鮮奶球、牛奶與鮮魚等誘導,不屑一顧。不過,皮特最終還是遭到他最親愛的人類朋友強制拖離。

　　那幾年間,第三隻受到新聞青睞的貓是巴斯特(Buster),他是一隻有著黑白花紋,且職場失意的小貓。

　　巴斯特與托普西(Topsy)這兩隻貓咪,原本隸屬紐約市下東城區的兩家不同警局,後來兩家突然要整併一起。其實新的警局大樓又大又寬敞,可以容下所有的人,只是巴斯特與托普西容不下彼此。事實上,人類共同生活磨合要比貓咪之間來的和平許多,因為家貓之間是無法共存的。

　　其實巴斯特原本才是地頭王,而托普西是後來入住的,但她是隻強悍的白貓,對新地盤寸步不讓。

兩隻貓第一個月交手後，巴斯特毅然離開柯林頓街118號光鮮亮麗的警局，獨自走到街上徘徊，開啟一隻流浪貓的日子。在此之際，根據《紐約時報》戲謔的報導口吻，托普西「在新警局的存在感越來越強，也越來越重要，完全篡奪了巴斯特的捕鼠王地位。」

1912年1月1號，一名警員發現巴斯特滿身爛泥，在柯林頓街上嗚咽。警員很可憐巴斯特的遭遇，便把他帶回警局，幫他清洗乾淨，還替他套上一件上頭印有「Happy New Year to All！」的小背心。

隨後，大家把這個小傢伙帶往大會議室，餵他喝上一大碗公的牛奶。正當巴斯特享受美食之際，在瓊斯（Jones）小隊長辦公室睡午覺的托普西醒了。據目擊者描述，他活力十足的一躍而下，一腳踢翻了小隊長桌上的墨水瓶，徑自往被放逐的前捕鼠頭頭正在休息的地方走去。

目前尚不清楚兩隻貓談了什麼（養過貓的人可能猜的到），但就在那天入夜，警察們特別機警的出動尋找黑白小花貓，因為他哆嗦的「Happy New Year to All！」的背影，倏忽間就消失在柯林頓街了。警察一直找到半夜都沒找著，所以大家開始謠傳巴斯特已經自我了結了。

自此再也無人見到過他了。

不過，工作上的敵意並不奇怪，就像大家常說「人比人氣死人。」接下來故事中要談的兩個主人公就更明顯，而且名字更挑釁，行動更誇張。

殺鼠王（Homicide）與縱火狂（Arson）的故事在各大報

流傳，兩隻警察貓咪捕鼠技術在民眾之間引起很大的騷動。

殺鼠王天生就是當貓咪警察的料。在警察總署裡，沒人知道他打哪來，或曾參加過什麼學院訓練，但他那鋒銳的爪牙，已明明白白符合服務紐約市的需求。

殺鼠王是在1934年1月間入職政府機關。他剽悍的身形，祖母綠的眼睛，長長的貓鬍鬚，只能說他註定就要成為貓咪警察的。

縱火狂並不樂見他的到來。他是隻黑底的橘虎斑貓，一直以來都由他來擔任警察總署捕鼠的工作。被新來的取而代之的難堪，當然就足以讓他顏面掃地，據說羞愧得頭也不回的跑到下城區，從此不見蹤影。

對於他的離去，總署工作的絕大多數警察一點都不惋惜。就算想稱讚縱火狂堅守崗位，但他實在是毫無成效，連個毛都沒有抓到過。而且，捕鼠過程搞得忙亂喧騰，連走在地毯上也不得安寧，一副就是要提醒老鼠快逃，保鼠一路平安。

《紐約時報》笑稱他的名字應該叫「縱活狂」，因為老鼠總能活潑亂跳的。

相反的，殺鼠王除了有貓咪警察的頑強鬥志之外，他的腳步輕如棉絮，會徹夜工作至早上六點，清剿每一個老鼠洞，從地下室到天花板無一放過。而且，可以確定是一天都沒上過警察學校，因為他對《警察守則》手冊最大的尊重方式，就是當成午睡用的睡墊。

警察局的格局為地下室是關囚犯的監獄，而往上一樓有一間放保險箱的房間、分隊休息室、刑事鑑定室，以及外國刑事

案件辦公室。

殺鼠王會守在走道門口,只要有人開門他就會尖叫一聲示警提醒,然後才繼續不知疲憊的盯著鼠洞。

只要他在牢房裡逮到任何一隻齧齒老鼠,便緊咬證物跑上樓,跳到史密思(Smith)小隊長的辦公桌上,呈報最新一隻老鼠囚犯。他鬆口讓老鼠接受行刑之後,會用頭大力蹭一下小隊長示好,然後才又回到崗位上工作。

小隊長對於他如此奉公敬業,不僅下令為他的餐食額外添加肝臟,而且還讓他升遷成官方中的最高職等。此事在各大報章雜誌中大幅報導,成為讀者十分喜愛閱讀的故事。

然而,倘若貓咪警察已經驚艷整個大蘋果市(紐約的舊暱稱),那在消防區工作的火警貓咪就更閃耀動人了。

警消貓咪

姜子(Ginger)是一隻紅毛貓,在 1897 年決定落腳在下東城的消防園區。三年間,他的後腳已經練就了拳擊式的直立站姿,而且在鐵桿上攀爬滑溜也不是什麼難事,就像在跳鋼管舞一樣。《紐約時報》很快就注意到他的存在,對這個有趣的小傢伙進行了生動風趣的報導。

在十九世紀末至二十世紀初,紐約的消防局允許工作地點收養貓、狗與啾啾叫的小鳥等各種動物。這些動物除了馬是可以用來拉車外,主要的作用就是陪在人類身旁,因為消防員常常得在打火現場待命好幾週,而紐約市有幾隻特別的貓十分享

「小腳（Tootsy）準備上火場」插圖登載自1896年紐約媒體。

受待在火災現場。

1905年，一隻有著深橘條紋的花貓入住到布魯克林152號的消防局。沒有人知道他的來歷，但他變成了組織裡最受歡迎的寵物之一。據說他工作十分積極，不曾錯過任何一通警報。

彼得（Peter）也跟姜子一樣擁有滑降消防鐵桿的技能，這是局裡最基本的能力。根據《布魯克林鷹報》(Brooklyn Daily Eagle) 刊載消防員的轉述，貓咪從三樓休息區下到一樓車內只須花三秒鐘的時間。

通常，彼得在警鈴第一聲敲下後，極速飛奔到鐵桿，靠著四條腿有力的順桿而下。然後，輕鬆一躍落坐到消防水車的座位上。據消防員表示，彼得對於自己是團隊中第一個準備就緒的成員，總是一副自得意滿的樣子。

火場中，彼得會緊跟著大家的叫喊聲前進，儘管聽起來難以置信，就算煙霧瀰漫也不畏懼，唯有兇猛火勢才可以讓他撤退。

他十分熱愛工作，後來是因為出了意外，才退到二線在辦公室中養傷。

另一隻在消防隊中備受疼愛的貓咪，是位於曼哈頓下城區 27 號，名叫小腳（Tootsy）。她出生於 1895 年 7 月 4 日，對煙味的敏感就像嗅到獵物老鼠一樣。她是貨真價實的消防貓咪，很愛搭消防車，懂得與人類的消防弟兄交流，而且還能睡在她最愛的馬鞍上（注意當時還是用馬來拉消防車）。她的美麗是世界公認的，她在麥迪遜廣場花園中舉辦的貓展亮相時，驚豔全場，備受消防員的喜愛，就連《紐約時報》都表示大家寧可丟掉警徽，也不願失去這一團毛絨絨的小傢伙。

小腳出生在老貝貝（Old Babe）的馬廄裡。老貝貝是在戰場上服役，二十年後退役，到消防局工作的一匹優秀老馬。事實上，馬兒願意讓母貓在馬房裡生子，也算是消防隊中驚嘆不已的事了。

小腳是在半夜出生，她莽撞又好勝的個性與消防隊十分契合，而且她的腳程比人類更快，總是更早一步滑桿下樓。若不想讓她搭上消防水車一起出任務，得要費上九牛二虎之力才有可能把她關在屋內。

1895 年的一個天寒地凍的午後，火警的鐘響敲打時，小腳趕緊跑到她的朋友老貝貝之後，像猛獸一樣，快速地衝上消防車，跳到水管上，悄悄貼著水泵，不讓同事發現到她這一團毛絨絨的小傢伙也一同前往了。

當消防隊飛快抵達火災現場，一名隊員才發現小腳躲在駕駛座位底下。法洛（Ferrel）隊長怕她在火災現場走失，便一手把她抓進自己大衣內，確保在打火時小貓咪能夠安全無虞。

後來，小腳雖然總是企圖跟著到其他打火現場，但全都沒有嘗試成功，因為她每回只要登上消防車，就會被她的媽媽喵喵叫喊聲洩露出去。

然後根據報紙報導，小奶貓最後還是成功跟上打火弟兄到百老匯劇院冒險。消防員表示當準備出動時，明明就看到在辦公室中酣睡的是小腳那一團白色絨毛，殊不知那是她那懷孕的媽媽。

於是很玄妙的，小腳又再次成功躲進車底，然後在眾人面前突然喵喵現身，給了團員很大的驚喜。回到消防局後，法洛隊長對她另眼相待，也對她加倍寵愛。並且，從那天起，她開始擔任起照顧局裡年紀較小成員的責任，教導這些新手練習滑桿的技能。

報紙讚美她的勇敢無畏，標題為「小腳若不在，27號消防隊將會十分灰心喪志」。

🐾 爪子鋒利的公務員

在紐約這座大蘋果的管理舞台上，公務人員向來是不可或缺的主角，貓咪也無條件隸屬於這群忠誠的公僕。

貓咪性情中最令人驚訝的一部份，應是他們其實十分堅守崗位，最佳代表者是湯姆（Tom）。湯姆是市政府中最受寵的

「職員」之一,他是在某一個寒冷的冬天來到市政府的。事實上,市府一開始並不歡迎這隻小虎斑貓,趕了好幾回,但他總是不斷的從窗口或門口溜進去。根據《紐約時報》的描述,湯姆堅毅個性真是美國製造最典型的代表。

虎斑貓在市政府待的期間結交了許多議員朋友,有時大家在開會,他也跟著在議會裡睡大頭覺。春天之後,他就擔任起通報其他員工到廣場上曬太陽的任務。而且,他是個貨真價實的情聖,無時無刻都在各處與各個不同的貓咪警察調情,不管是警察局或郵政總局都有他的女友。

《紐約時報》在1983年刊登,坦慕尼與庫蘭(Henrry H. Curran)副市長合照。副市長也是貓咪的保護人。

繼湯姆之後，紐約市府最有名的貓是坦慕尼（Tammany）。他待在市府時間是吉米・沃克（Jimmie Walker）與菲奧雷洛・亨利・拉瓜迪亞（Fiorello La Guardia）兩位擔任市長的時期。

坦慕尼是沃克市長在街上撿到辦公室飼養的貓咪，並指派坦慕尼擔任辦公大樓的捕鼠工作，而且也很負責的編列薪資來支付購買貓咪糧食。

坦慕尼十分盡忠職守，毫不畏懼的與建築裡最大隻的老鼠單打獨鬥。此外，這小傢伙也會參加公務會議，或是順道看看他的市長朋友。市長辦公室的門永遠打開歡迎他的造訪。

跑市政府新的記者都很疼愛他，但他對記者十分無感，因為他們總要求他擺姿勢拍照，但他總是一副百無聊賴的樣子。幾次擺拍之後，他會心氣不順的躲到角落不搭理任何人。

市府議員也很喜歡坦慕尼的在場，尤其是會議中若有人提高嗓門，他也會跟著嘶吼，但也因此打破了緊張的氣氛。據說有一次，拉瓜迪亞市長與市議員吵得不可開交，把正在午睡的坦慕尼吵醒，所以貓咪推推漲紅臉的議員，且目不轉睛的看著他，這舉動惹得大家捧腹大笑。

當換市長時，大家認為坦慕尼恐怕位子也不保了，因為新上任的主管不是民主黨人，而是共和黨員。謠言傳得很厲害，但副市長庫蘭跟記者保證市政府理解事件嚴重性，已寫信要求相關部門寬大處理此事。信件上表示坦慕尼是「所有貓中最睿智勇敢的」，並會為他爭取不退休的可能。

然而隔年，這位捕鼠專家死於腎衰竭，成千上萬的紐約人為此心碎。

貓比信多的郵局

二十世紀初，美國政府撥出專款，要飼養上百隻替郵局與其他聯邦政府捕鼠的「約僱」貓咪。

庫克（George W. Cook）用一頓特別的晚餐慶祝他在郵政部門工作的 54 年歲月，但他選擇的方式十分特別，可能誰都想不到他會是在大樓的地下室與虎斑貓助手比爾（Bill）、理察（Richard）等兩位喵 Sir 警官，以及另外 54 隻捕鼠大隊的成員等一起度過。

庫克先生高齡 81 歲，除了擔任郵件分類工作外，他還是郵局中捕鼠保安隊的超級大隊長，管理超過上百隻的貓咪。貓咪每月伙食費有 5 塊錢，這筆錢已足夠讓貓咪不去偷食人類午餐，且還能保持對老鼠入侵突襲時的警戒心。

這間郵局雇用的第一隻小貓是有點頑固的虎斑貓，但很快郵局四處就開始貓比信多了。正當不知道該如何處理這些超級貓民時，有一天上級要求把各個大小的貓咪裝到六個麻布袋中，寄送到紐澤西各間小型的郵政辦公室。

紐約郵政總局辦公室中，大部份的貓咪警察生涯都是從最低層開始，更精確地說，會是從第二階勤務的新聞公關部門開始。地下室是這些小哨兵職缺的分發站，不過此地有幾個位置也會被當成午覺休憩處。

第二階勤務中較會捕鼠的貓又會往上升一階，派往一樓的登記分發部門。那個部門主要進行郵件分類，是郵局中最瑣碎也是最重要的工作，所以在此作業的人和貓都要特別謹慎，才

能讓郵件能完好無缺的順利送達目的地。

此部門還特別設立緊急貓咪補充警哨站，因為有時候成群老鼠集體出沒，就得要更多貓咪加入戰役才行。

貓咪保衛隊組織完善，第二階勤務的員工午餐時間在每天下午2點，哨聲一響所有貓咪就會集合，六隻共用一個餐盤，如果有貓咪亂換組，排長管理的方式就是用爪子把他們推回原本的位置。

分發室的第一階貓咪是在電梯門口集合，然後下到地下室等待用餐。午飯結束後，會再次搭電梯到樓上工作。這些故事都是來自當時媒體的報導，這些合作無間與溫暖的日常片段，帶給讀者許多歡樂並給予讚嘆。

😺 《太陽報》中最嚴厲的批評家

在以往的大蘋果市，新聞行業也有幾隻貓記者，其中最有名的是摧毀者（Multilator）。關於這隻貓與他的所作所為，根據《太陽報》旁徵博引所勾勒出的所有細節，讀起來很像小說，所以很難區分其中的可信度有多少。

1883年通過公務員制度改革法《潘德頓文官改革法案》之後，公職便不再可憑政黨、親朋好友等裙帶關係獲取。

當時的克里夫蘭（Cleveland）總統向各大報發送公開聲明，表達他支持新項法案的通過。然而，隔天幾乎每家報紙都刊登總統的公告，除了《太陽報》之外。

據傳說，僅僅是一瞬間的事，那封信函因為一個不小心從

窗邊飛出，從此就再也找不到蹤跡。紐約最高法庭的法官，巴特利特（William Bartlett）詢問編輯關於未登載的理由，這名編輯直截了當的回答是因為辦公室的貓，也就是被摧毀者吃掉了。

隔天，該報社乾脆自嘲地發新聞稿表示，由於這封信的內容，沒有通過新聞部的貓的審查，所以被銷毀了。消息很快就傳開了，每大報都刊登了這個故事，並且大家都對這隻貓充滿了好奇。

《太陽報》的編輯部收到許多投書要求認識這隻貓的嗜好與獨特之處，在當時沒有任一位評論家能夠獲得如此廣大的關注與歡迎，所以報社決定大肆報導這隻全國上下都十分感興趣的貓。而且，可以肯定的是，不管收到多少讚揚，這隻貓絕不會自我膨脹、吹噓自己，而且可能比起公諸於世，會更想要保有隱私。「他最愛吃掉關稅的長篇大論，毫不猶豫幹掉那些空洞數字的演講詞。數字最合他的胃口了。」

《紐約時報》特別喜歡冷嘲熱諷競爭對手的政治議題，所以挪揄那隻貓咪要不是只挑好的吃，就是只能吃到《太陽報》不支持的候選人或議題的草稿文件。

據說有位福特（John J. Ford）十分在意貓咪的評論，有一天他醉醺醺到報社，大吵要見見這個小傢伙問問為什麼通過了一篇他不同意的法案。摧毀者在桌底躲著這名具有攻擊性的人類，就一直待在桌下直到福特被警察逮捕，捉他到大牢裡呼呼大睡為止。不過，天曉得這隻貓是否真實存在，或這只是報社用來避免成為箭靶的方式！

二十世紀，貓咪更是走向了舞台中心，成為萬眾矚目的主角，尤其是一進到咆哮的二〇年代，請做好心裡準備，這座摩天大樓林立的城市中，故事將在禁酒令實施下接踵而至。

🐾 城市中，掌管秘密俱樂部的卡薩諾瓦貓咪女王

傑克・布利克（Jack Bleeck）在二〇年代開始實施禁酒令時，借了一大筆錢買下一間咖啡廳，並改裝成一家秘密酒吧。

酒吧開幕不久就有老鼠問題。膽大的老鼠成群出沒在店中，蹭著客人腳邊尋找殘渣碎屑，因而引發許多顧客的抱怨。咪妮（Minnie）就在傑克決定要找幫手負責解決鼠患問題的幾

貓咪是運動俱樂部的吉祥物，十分受到歡迎。拉夫・布蘭卡（Ralph Branca）是史上最偉大的棒球選手之一，他在開賽前都要抱抱球隊的貓咪，希望能帶來好運贏得比賽。

天後，從天而降一樣冒了出來。簡單的工作面試後，咪妮就成為這座男性樂園裡的唯一女王，因為當時那裡是禁止女士進入的。小貓可以說是職業殺手，幾乎不到一個月就把不速之客清理得乾乾淨淨了。

1925年，傑克賣了酒吧，改開一間「文藝俱樂部」，成了演藝圈的演員、歌手等相關人士的聚會地點。當然，在這層外皮底下，仍是一間秘密酒吧，而且就連義大利聲樂家恩里科·卡魯索（Enrico Carusso）都曾到訪過。他每一場表演之後，就喜歡一邊喝馬丁尼，一邊輕撫著咪妮的貓毛。

咪妮生了很多小崽子。每次懷孕，俱樂部就會開賭盤猜猜孕肚裡的雌、雄數量。咪妮的小王中最有名的是湯米，他是美國第一家專業戲劇俱樂部「羔羊（The Lambs）」的貓。

湯米是一隻隻威風凜凜的大貓，據說在地獄廚房那條街的方圓六個街區內的母貓都懷有他的種。

不過，大家佩服大貓不僅僅是因為他的異性緣，而是他十分聰明，可以在客人的菜上桌之前，就搶先坐到點魚肉的顧客旁邊了。

然而，他的風流韻事也為他帶來了不少麻煩，常有對手找他單挑，所以常常回到俱樂部時已是傷痕累累。《泰晤士報》（The Times）稱他是「紐約貓界的硬漢。」湯米也是羔羊俱樂部的終身會員，他的照片至今仍掛在俱樂部的牆上。

他的孫子，湯米三世繼承了他的職務，當客人打撞球時，會躺在撞球桌上增加難度。顧客要使出渾身解數，運用超高技巧，在不碰撞到這位大爺的情況下讓球入袋。

🐾 阿岡昆飯店裡的藝術家與貓

　　紐約街上人潮熙熙攘攘，絡繹不絕，擁擠熱鬧成為城市律動的標記。街頭巷尾都可以聽到來自世界各地的語言，多語複音談論移民的故事，分享各種有趣的見聞成就了大都會的聲音。當然，其中也包括了擾人的聲響，像是貓咪爭地盤中不斷的嘶聲尖叫。

　　活在二十一世紀的紐約，貓就像流浪的詩人，為大蘋果市的小小宇宙中的商店與飯店增添一份獨特的色彩。

　　阿岡昆飯店（Algonquin Hotel）是紐約十分具代表性的飯店，不僅是因為飯店的獨特歷史，還因為一個延續了數十年的傳統。三〇年代期間，一個知名的百老匯演員，約翰·巴里摩（John Barrymore）在演出期間入住到這間旅館，同時也為這間旅館的未來劃下一道重要的分水嶺。巴里摩是當時的超級大巨星，他把街上撿到的流浪貓帶回到旅館內。他把貓取名為哈姆雷特，因為這是他當時在表演的角色名稱。

　　從那一刻起，阿岡昆飯店就成立了一個名為「哈姆雷特」貓咪接待部，並且每一隻貓都在名字後用羅馬數字標識其不同的世代。這些貓變得受人喜愛，不僅表現的十分友善，而且也很懂待客之道。

　　飯店的工作人員把貓咪照顧得無微不至，而且十分疼愛，而這也讓飯店成為同行中獨具一格的存在。捉摸不透的貓不僅在大廳陪著到訪者，而且也讓整個空間的氣氛變得熱絡、可親。正如澳洲詩人潘·布朗（Pam Brown）的那句名言：「一隻小

貓讓空盪盪的房子變成家。」

在「咆哮的二〇年代」的喧囂紐約市中,阿岡昆飯店成為作家、藝評家與記者聚會的特定場所。尖銳又火辣的對話變成社論專欄筆鋒下的內容,就連像《紐約客》(The New Yorker)這樣極具影響力的報刊版面中都有其蹤跡。這種氣氛也有力的營造出美國當代歷史上一股旺盛的創造力,欣欣向榮的潮流。

在此聚會多是知名的記者、評論家與藝術家,其中最有名的是多蘿西・帕克(Dorothy Parker),她是二〇年代紐約極具代表性的劇評人。多蘿西住在飯店期間必定會遊走於各個桌邊與大家談笑風聲。

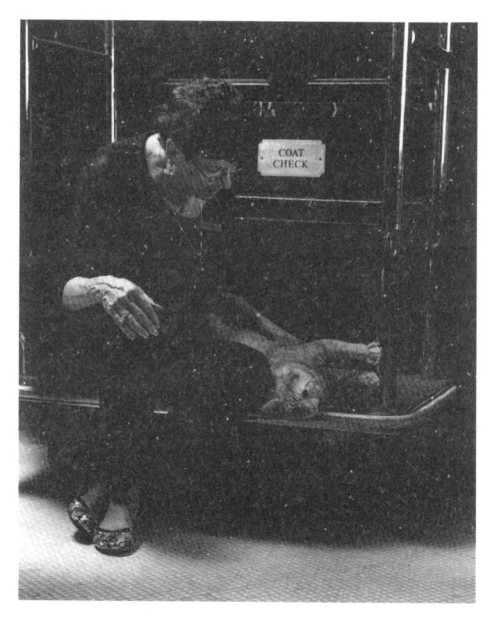

阿岡昆飯店的貓,哈姆雷特。(照片出自:algonquinhotel.com)

阿岡昆飯店已然是紐約文化指標，承載了城市裡文學、文化傳遞的重責大任。不過，友善貓咪與桌邊談話的傳統僅只是這間飯店眾多傳奇故事的其中兩個。

此外，更令人嘖嘖稱奇的是，此處每年都會舉辦貓咪年度時裝走秀活動。活動名稱為：「掌心裡的小世界」。一般會有10隻小傢伙盛裝出席，貓咪保姆會幫忙裝扮，套上由知名設計師設計出的當季貓咪界最新流行的服飾，像是拼貼皮夾克、芭蕾舞短裙、頭巾與帽子等。而這場獨特一格的派對宗旨是為了要讓大蘋果市裡的貓咪得到保護，呼籲社會大眾珍惜這一個無價之寶。

安迪・沃荷的貓都叫山姆

二十世紀繁華的紐約中心，安迪・沃荷（Andy Warhol）是最具代表的人物，可謂是當代的曠世奇才。他創新的藝術表現讓他成為六〇年代紐約文藝圈裡響噹噹的大人物。沃荷是現代的奇才，但他神秘又捉摸不定的性格背後是對貓咪的喜愛，而他也成為紐約史上最有名的愛貓人。

沃荷出生於1928年的匹茲堡，從小體弱多病，童年長年臥病在床，但也在那時啟發了他對繪畫的熱情。長大後，他進到廣告插畫室工作，便搬到大蘋果市居住，開始展現繪畫設計的天份，在雜誌、唱片封面發揮他天才的一面。

一日，他的住處來了一個改變他一生的不速之客。雖然很多人說那隻藍色小貓海絲特（Hester）是他母親茱莉（Julia）

安迪·沃荷，1954 年出版《25 隻名為山姆的貓和一隻藍色小貓》。©
1996 - 2019 AbeBooks Inc.

帶來的，但更可信的說法應是傳奇的電影明星格洛麗亞·斯旺森（Gloria Swanson）送給他的。

　　無論如何，這隻小貓無庸置疑是沃荷一生的轉捩點，他畫的貓咪在還不是透過網路瘋傳時代，就已吸引住眾人的目光。

　　沃荷希望海絲特有個伴不孤單，所以找了一隻暹羅貓回家，名字就叫山姆，也就是後來陸續一起住在萊辛頓大道的公寓中的 25 隻山姆的第一隻。

　　沃荷的母親為了好分辨數量越來越多的貓族，叫喚時會加上顏色，像綠山姆、藍山姆、紅山姆等。當然，貓咪是不會理

睬這樣的稱呼。眾所周知，貓咪天生就很拗。

沃荷住處的貓真的是日益增長，主要是因為他不把貓結紮，只是不斷找人收養。不過，暹羅貓在美國很受歡迎，領養意願很高，因而沃荷仍以相同方式養育貓咪，只是後來情況越來越糟。

貓咪彼此近親相交，性情越來越驕橫，行為任意妄為，每日會發生層出不窮的一點小破事，雖然看似對沃荷生活沒有造成太大的影響，但最終他還是不得不把貓咪全都送走。

1954 年，沃荷出版了一本繪本，名為《25 隻名為山姆的貓和一隻藍色小貓》。事實上，書中只收錄了 16 隻叫山姆的貓。這本書他的母親也有參與創作，不過整體還是以沃荷獨特的色調與風格為主。沃荷表示這本書融合兩個他最愛的主題，即天使與貓。

這本書之後，母子四年後再次聯手出版《沃荷媽的聖貓》（*Holy Cats by Andy Warhol's Mother*），書中包含了二十張海絲特生前受到寵愛的畫作。

同樣愛貓的，還有約翰・藍儂（John Lennon），正如前衛藝術家都十分珍惜超凡脫俗之物。在 1983 年沃荷送給約翰・藍儂（John Lennon）一座齜牙咧嘴的貓咪標本，據說藍儂回憶這隻標本「嚇壞了太太小野洋子，也瞬間惹怒了家裡的活貓們。」。

安迪・沃荷除了在生活中各個面向展現自己藝術上的創意、鮮明反差之外，同樣也包含了對貓咪的熱愛。他的藝術表現與對大眾文化的影響力，至今仍持續閃耀。

海明威（Ernest Hemingway）相信要與貓咪和平相處，就是平等相待，更或是，就像是知道自己遇到了更高等的生物一樣。

3
海明威的倖臣六趾貓

「養了一隻貓,就會再養一隻!」
——海明威(Ernest Hemingway)

　　海明威愛貓的名聲遠播,天下人皆知他如痴如迷地愛著貓。他的足跡遍佈世界,所到之處都有貓相伴左右,從巴黎的街道到古巴的鄉村,沒有一回沒有貓陪伴在旁的。1943年,他在古巴的瞭望山莊(Finca Vigia)寫信給第一任妻子:「一隻貓招來另一隻⋯⋯。這地方大到難以察覺有那麼多貓,不過只要到了飯點,就可以看到全部的身影。」

　　海明威疼貓,是發自內心情不自禁的。他曾表示自己跟貓的關係十分親密,簡直可以說是意氣相投。對他而言,每一隻都是「療癒小物」、「吸滿愛的海綿」。在他的腦海中,貓應該是誕生於最溫柔可親的大海裡,所以總能撫慰人心,無私奉獻,不求回報。他的每一隻貓的名字都是根據脾氣、個性來取的,像畢卡索(Picasso)、金・華露(Kim Novak)、艾羅爾・

弗林（Errol Flynn）、貓絨絨（F. Puss）……，如此打造出一群獨一無二的星光陣容。

事實上，這位諾貝爾文學獎得主的漫長一生中，也有養過許多其他動物，像九條狗、一頭乳牛，甚至他還救活過一隻即將生下雛鳥的大角鴞。然而，不管他的生活中有多少動物相伴，貓仍勝過一切。貓是他真實自我的鏡子，貓是他源源不絕愛的來源，貓是他自在的存在。歲月更迭、物換星移，但海明威對這一群毛絨絨四足動物的愛，生死不渝。

1920年代，這位作家決定要從孤寂中掘取創作的靈感，所以他搬到古巴的加勒比海島上，住在一棟殖民式的宅子裡。當然，宅子裡還有最懂得享受孤寂的可愛伙伴：貓。

貓，獨立又神秘，海明威的住所就像一處安全無虞的秘密基地，能夠悠遊漫步於書堆中，安穩的依偎在陽光灑落的角落裡，一切的動作都悄然無聲，十分自在的與海明威生活在一起。

海明威與貓的故事就是一段知遇之情。他無須一言一辭，單透過貓的目光，在眼眸的反射中，他就能看到暗黑中深邃神秘，那被藏匿起來的獸性，以及暴風雨過後的寧靜。而對貓而言，是遇到了一位體貼、善解「貓」意的作家朋友，兼照顧者。

海明威的文學作品中也曾藉由貓所發揮的力量來交織出一段故事，像1925年出版的短篇故事《雨中的貓》（Cat in The Rain），描寫一對在義大利觀光的美國夫婦，因雨受困在旅館中。故事中，太太忽然與一隻在戶外露臺咖啡桌下躲雨的貓產生同理心。情節緊抓著同理心、渴望連結鋪展開來，而這一段簡單並蘊含深意的美好互動，便可見到作家與貓之間最真摯的

連結。

當然，筆耕不輟，直至生命最後都在書寫的海明威，其他作品中也可見到貓的身影，像是《巴黎，不散的饗宴》、《島之戀》、《伊甸園》與《曙光示真》。

海明威生命的每個角落、文字的每道痕跡，都有貓的足跡。從每一隻貓咪獨具創意的名字，以及每一次撫慰人心的喵嗚聲中，我們都可以感受到作家對其熱切真誠的情感。這些貓像是他這一生的無言見證者，為人類與動物的世界搓揉出一絡片刻的連結，而且這個連繫不僅只存在於在文學史的頁面上，同樣也還在留存在收容許多貓的海明威故居博物館之中。

🐾 雪球，六趾傳奇的開端

1928 年，海明威與他當時的妻子寶琳‧費孚（Pauline Pfeiffer），從古巴搬到佛羅里達的西礁島，住在一棟有花園的房子。那個地方後來成為他在長途旅行之間的休息站，並在他過世後變成了博物館。

在那個地方，這位作家共寫了五本小說，其中包括《戰地春夢》、《戰地鐘聲》、《雖有猶無》，並且也是從那裡展開他愛上了變種貓的故事。

海明威的作息一般是在太陽還未戰勝黑夜之前的黎明，就已起床坐在書桌前，在顫顫巍巍虛弱的燈光下書寫。當晨光悄悄喚醒世界時，他的文字也在紙上逐漸成形。然後，金光燦爛的午後，海明威會漫步在空無一人的西礁島街上，讓徐徐海風

帶走他的思緒,再搖搖晃晃醉醺醺的回家。

某個例行的午後,海明威在港口散步時,命運決定推進貓與海明威的關係一步,一個船長送給海明威一份禮物:一隻雪白的小貓,眼神充滿好奇,前腳隱約可見六根趾頭。他把這份禮物帶回家,並取名為:雪球。

雪球的來到為海明威的家中開啟了一段漫長的貓氏王朝歷史。雪球生活的路徑與當地的貓咪時常交會,久而久之,家中多了許多六趾貓,每一隻的性格都十分獨特。海明威十分欣賞這份特殊性,允許這些小傢伙慵懶隨意窩居在角落,自在的在地板上睡午覺,到處都成了貓咪享受的空間。這位大作家甚至樂意貓咪睡在自己小說原稿上,全然沒有產生半點不快之意。

今日在海明威故居博物館中的每一隻貓,都是第一隻貓雪球的後代。其中有幾隻繼承了多指畸形的異常現象,前腳有六趾,這是一種被稱為「多趾症」的遺傳特徵。

海明威對六趾貓的狂熱，不畏歲月的流逝，也無懼國界的區隔。就算他在 1940 年搬遷到古巴，他與西嶼島那座宅邸的連結始終未曾斷裂。二十多年的歲月裡，作家不時的回到此處，享受這些貓咪的陪伴與撫慰。

　　屋裡貓的數量在顛峰時期超過七十隻，但無人知曉在作家的人生中確切有過多少隻貓。不過，無論有多少貓，每一隻都能夠融化作家的鐵漢形象。一隻總是陪他一起喝威士忌，另一隻在巴黎時哼著搖籃曲伴他入睡，還有一隻聽他訴說下一本書的結局。海明威在 1961 年結束自己生命時，西嶼島家中已住滿了貓咪房客與動人回憶。

　　當海明威的故居要改成博物館時，管理海明威文學遺產的基金會決定維持作家那些老朋友的居住空間。並且，聘請獸醫定期健檢，施打預防針，以及開食譜控制飲食。

　　目前，海明威博物館的貓成了吸引觀光客最大的賣點，也是博物館網站上的主角。每年來拜訪的人數超過三十萬人次，居住超過七十隻的雪球後代，每一隻都是多趾且美麗，名字被叫做奧黛麗‧赫本（Audrey Hepburn）或楚門‧柯波帝（Truman Capote）等知名人物。

　　博物館的花園就像是一幅寧靜與世無爭的掛毯，在其中安然自得的休養生息，穿梭於熱帶樹叢之中，睡在特別設計的隱密空間裡，或者在豔陽下泳池畔戲水。甚至是浴室裡的花紋磁磚都意外成為貓咪午覺的熱門地點。每一隻貓咪的悠然自得，就像反射作家生平中曾經美好的生命碎片，憶起他真實人生中對貓咪的熱愛與珍惜。

花園的中心是一處崇敬的紀念空間，石碑上刻有每一隻到彩虹另一端的貓咪名字與生平。像是艾羅爾·弗林（Errol Flynn），「1995年至2005年，親切又頑皮的小傢伙」，而且也有許多與過往名人使用一樣的名字，像威拉德·斯科特（Willard Scott）與金·露華（Kim Novak）。每一個刻在石頭上的名字都是致敬他們讓花園與房子活著的證明。

　　大部份的貓都做了結紮手術，但總有貓會懷孕來延續雪球皇朝。如此一來，這些變種的貓不僅被視為「海明威之貓」，同時也象徵著能夠在大海中帶來好運的貓，預祝漁穫豐收。海明威博物館是生命與文學交織之處，貓就像是故事靈感的泉源。石碑上刻入的名字，字裡行間洩出的嘶吟，安息中堅毅的目光，開啟了時空之間的交匯。在每一個琥珀色的眼珠，綠眸或藍眼睛的眼神中，在貓咪依偎的每一個角落，我們可見到海明威帶給貓咪同伴的熱情與的喜愛，仍迴響其中。

1929 年，英國首相住處任命第一隻捕鼠大臣。從那天起，
除了布萊爾（Blair）首相任內以外，
唐寧街 10 號總是有一隻讓媒體有話題的貓。

4
唐寧街的捕鼠大臣

「貓,是唯一成功馴服人類的動物」
　　　　　　　　　　　——邱吉爾(Winston Churchill)

　　我們越是努力尋找跟貓相關的有趣故事,學到更多的卻是別的國度中他人的生命的故事與觀點。

　　這是一段十分獨特的歷史,我們要透過英國首相住處,唐寧街 10 號中捕鼠大臣的存在來認識英國政治史的傳統。

　　在大英帝國首相官邸的管理中,捕鼠貓的傳統源自國王亨利八世。根據記載,生於 1471 至 1530 年的沃爾西(Wolsey),是亨利八世在位時的紅衣主教。由於他鍾愛於貓,不管是國宴、節慶、宗教祭典,甚至連他身為英格蘭大法官要進行判決時,都毫不遲疑把貓帶上,完全是貓不離身。

　　不過,在那個時代愛貓其實是很危險的事(教宗依諾增爵八世將貓視為與魔鬼簽合約的標誌,得以火刑處置),所以沃爾西處事十分小心謹慎。他連與國王討論議事,或是外交參訪都會把貓帶上。今日,他立在家鄉伊普斯威奇小鎮(Ipswich)

的青銅雕像中，同樣也有他心愛的貓相伴。

　　唐寧街 10 號第一隻捕鼠大臣的任命，發生在 1929 年。此年的 6 月 3 日，財政部門發佈一筆飼養捕鼠貓咪的預算。當然，預算並不是薪水，而是允許貓咪可以自由的在首相家裡捕鼠，或是捕捉人類不喜歡的生物都行。

　　獲取官方頭銜的第一隻貓為英格蘭的魯弗斯（Rufus），皮毛為桃子色，十分擅長捕鼠，並為工黨首相麥克唐納（Ramsay Macdonald）服務。魯弗斯的小名是「財政比爾」，每回都十分驕傲的叼著獵物到自己老板面前，後來發現那些獵物會被丟到走廊上的垃圾桶中，也就跟著把老鼠丟到同一個桶子中，讓清潔人員來善後處理。

　　工作一段時間後，比爾開始變瘦，變得骨瘦嶙峋。所以有人上呈至財政部門向上議院請款，表示由於物價大幅上漲，導致原訂的撥款不足。然而經過議會審慎的討論後，決定拒絕批准增加費用的請求。

　　但聰明又堅韌的比爾決定介入此事。一日，他出其不意的從一扇半開的大門溜了進去，出現在財政大臣的辦公室中。在那裡，他展現出自己楚楚可憐的一面，讓嚴肅的部長都陷入他的魅力之中，軟化了大臣的心，取得了理想中的成果。

　　大臣寫了便條表示：「財政部所提決議：准予補助貓咪的津貼。」補助比爾「薪水」的法案送進議會，一番言詞交鋒後才通過。這也就為什麼魯弗斯的小名是「財政比爾」，即為「國庫債（treasury bill）」的意思。可見這隻貓不只在捕鼠領域中出色，在英國政治史上也留下了足跡。

唐寧街上的第一隻勇猛捕鼠專家回喵星球後，繼位者是彼得（Peter）。

🐾 戰火中，依偎在邱吉爾腳邊的尼爾遜

貓的獨特性會讓每一隻貓有著全然不同的生命歷程。彼得是一隻皮毛黑色光亮的貓咪，他的生活步調與比爾十分不同。他的運氣很好，遇到的辦公室員工對他十分寵愛，時常把家中的美味佳餚帶來給他，這也導致彼得體重增加，變得懶惰，對捕鼠全無興趣。

政府適時出手介入，約束財政部每日一便士的貓咪伙食來維持工作效能，並要求公務員不要太「厚待」捕鼠大臣。隨著食物的減少，彼得再次重操舊業，像個新手一樣對捕鼠充滿興致與熱情。

彼得服務過麥克唐納（Ramsay MacDonald）、鮑德溫（Stanley Baldwin）、張伯倫（Neville Chamberlain）、邱吉爾與艾德禮（Clement Attlee）等五位首相。在這段期間，他經歷過第二次世界戰爭，以及德軍的倫敦轟炸。

到了張伯倫任內，又出現一位新喵：一隻灰黑色的貓，名叫尼爾遜（Nelson）。邱吉爾在一次偶然目睹他追逐一隻大狗跑過街道後，讚揚道：「尼爾遜是我見過最猛的貓了，我決定收養他，並且以我們偉大的海軍上將之名來命名。」至此，尼爾遜與彼得的對立關係，立即佔據了各大新聞版面。

大家都在猜測張伯倫卸任後，尼爾遜是否會跟著離開。結

邱吉爾88歲生日宴會上，收到一隻名為「傑克」的甜美小貓，倍受邱吉爾的疼愛，甚至成為邱吉爾孫子婚禮上的座上客，佔據家族照片的核心位置。

果是這隻黑貓跟著跟著新任首相邱吉爾搬進了10號官邸。但彼得保住了首席捕鼠官的位子，而尼爾遜成為了邱吉爾的貼身夥伴。二戰期間，在內閣會議中，常常可以在邱吉爾身旁見到尼爾遜的身影。

在那個年代裡，有很多貓咪的趣聞。而且，同樣也發生在教育部長巴特勒（Rub Butler）身上。據說當時他拿著文件要去找首相簽署，但邱吉爾看過後，對內容不太滿意。他表現得十分不耐煩，並不客氣地對部長說，他的貓還更有用，至少可以當作熱水袋，在寒冷的冬天為他增添暖氣。

彼得在1946年，高齡17歲時離世回喵星球，他的位置由彼得二世接手，不過還來不及被任命為捕鼠大臣，因為他在隔年就車禍身亡。繼位者為彼得三世，在五〇年代掌管此職位，首相是邱吉爾與艾德禮。

1958年，彼得三世出現在BBC電視台一檔叫《今夜》（Tonight）的新聞節目中，獲得十分廣大的迴響，來自世界各地觀眾的信與禮物蜂湧而至。可惜彼得是公務員，所以並無法接受來自民眾的饋贈。

彼得三世的服務記錄差點就出現污點，事情是發生在官邸上上下下都在準備迎接女王的到來。女王來訪的當天，捕鼠大臣突然腸胃不適，在女王進門前幾分鐘，腹瀉在門墊上。幸好有個機靈的公務員，趕緊把門墊丟出窗外，才避免危機的發生。

彼得三世在16歲時因肝臟感染而離世，葬於艾佛動物墓園，跟英國戰艦「紫水晶」的貓咪動物倖存者西蒙（Simon）共享同一個墓地。這座墓碑是由來自三大洲的忠實崇拜者出資建造的。

🐾 多領兩倍薪水的貓

職位替代都是無縫接軌的，儘管這段故事中的主角是有不同的出身。到1964年為止，捕鼠大臣的職位都是由街上既有野性，手腳又俐落的流浪貓擔任。不過，這一次的大臣是來自英國屬地曼島政府當局的加維（Ronald Garvey）副總督，由他送給唐寧街的一隻曼島貓，這是當地才有的特殊品種。

曼島貓除了具備當地高貴的純正血統之外，最大特色就是沒有尾巴。這隻新來的貓就成為新任的捕鼠大將，事實上，應該稱為捕鼠公主才對。這是六○年代的議會首次通過由母貓擔任捕鼠大臣。曼島貓的原名叫曼尼納‧卡德杜（Manninagh Katedhu），不過為了延續傳統，便把她改名為珮塔（Peta），以呼應過去幾代的 Peter。並由內政大臣布魯克（Henry Brooke）親自將她介紹給議會，除了通過讓母貓擔任此職位之外，也給予比前幾任的彼得多兩倍的薪水。

然而，珮塔公主卻中看不中用，整日不是昏昏欲睡就是喵嗚呼嚕，並且既不在貓砂盆上廁所，也不遵守規矩，導致部分內閣員工要求解除她的職務。

儘管如此，政府當局對貓咪的無能睜一隻眼閉一隻眼，因為珮塔很受民眾的歡迎，再加上她象徵「邦交情誼」，若辭退她恐會引起反感。所以，最後在七○年代初決定讓她默默引退，送到郊區，度過餘生悠閒的時光。

1973 年，一隻新的主人公降落到唐寧街。他的名字叫威爾伯斯（Wilberforce），是一隻從收容所救出來的黑白花貓，體格健壯，是天生的獵人，很快就贏得大家的喜愛。

柴契爾夫人（Margaret Thatcher）與威爾伯斯的關係特別親密，甚至她去莫斯科外交訪問時都特地帶回沙丁魚罐頭給他。當柴契爾在電視上展示這份「戰利品」時，立刻引發首席捕鼠官的粉絲們熱烈迴響，成千上萬封信件塞爆信箱，紛紛表示對此舉的讚賞。不幸的是，柴契爾夫人的新聞秘書，英厄姆（Bernard Ingham）有氣喘與貓毛過敏，每週一早上都會把辦

公室的門窗全都打開通風,因為威爾伯斯在週末時常會將秘書的辦公桌當作午睡小窩,這顯然不太利於他的「職場人緣」。

威爾伯斯在 1986 年退休,搬到郊外一處有專人照顧的房子裡,並且用政府簽署的終身退休金來維持生活。

布萊爾全家都不愛貓

接下來要介紹闖入唐寧街偉大建築物的貓,是一隻黑白相間的長毛流浪貓,名字叫韓福瑞(Humphrey),是以政治喜劇《是,大臣》、《是,首相》裡的角色韓福瑞・阿普比(Humphrey Appleby)來命名的。

韓福瑞是由員工在很靠近首相官邸的地方發現的,當時他尚未滿一歲,但卻已經有熟練的狩獵技術,所以很快就獲得內閣捕鼠大臣的稱號。他一年的薪資有一百英磅。柴契爾夫人很樂意支付這筆錢,因為相較於每年支付給滅鼠蟲害公司的四千英磅,韓福瑞算是十分經濟實惠。

韓福瑞是社交高手,很會跟各類型的人互動,且完全不抗拒媒體的拍照,很自然就可以擺出貓咪天生自帶的優雅風範。他通常對政治界的名人或貴族不感興趣。有一回他差點讓約旦國王胡笙・賓・塔拉勒(Hussein of Jordan)陷入十分尷尬的窘境,因為他佔據了為國王到訪所準備的紅毯。幸好有一名警察介入,讓他明白那天他不是「王」。

他常常優雅輕快的在唐寧街 10 號與 11 號樓的房間漫步,也就是穿梭在首相官邸與財政大臣辦公室之間。然而,他從容

散步的態度卻可能導致相反的結果，讓韓福瑞時常無端陷入危險之中。

1994年，韓福瑞被指控是梅傑（John Major）首相窗外的知更鳥巢中雛鳥的殺手。然而，經過詳細的調查以及激烈的辯論後，梅傑首相認為韓福瑞不是連續殺鳥的犯嫌，他是清白無辜的。幾年過後，證實是《每日電訊報》（Daily Telegraph）的記者穿鑿附會，因為當年首相向他介紹知更鳥巢時，窩裡的雛鳥已經死亡，鳥爸爸鳥媽媽似乎早就棄巢而去了。

在柯林頓（Clinton）總統拜訪英國時，韓福瑞對超強性能的凱迪拉克充滿好奇心，他探頭探腦研究著和他差不多高的輪子，而這也讓他差點被兩噸大的車壓成肉餅。

1995年，韓福瑞捲入另一起風波之中，因為他消失不見了，所以大家猜測可能回到喵星球了。一名記者甚至硬扯韓福瑞因為太愛吃甜食而甜死。然而，事實上貓咪只是進到附近的一間皇家陸軍醫學院，然後被誤以為是流浪貓而被撿去收養。有趣的是，當《泰晤士報》在訃聞版面刊登韓福瑞照片三個月後，軍醫才發現到這個被命名為PC（Patrol Cat，即貓咪巡邏隊的英文縮寫）新房客的真實身分。當醫生通報時，貓咪當時還在士兵寢室裡呼呼大睡。

唐寧街派司機開車去把韓福瑞接回來。國際媒體大幅報導這次事件，住在美國白宮的「第一貓咪」，襪子（Socks Clinton）也發出賀電。

接下來韓福瑞發生的意外，或許鮮少人知道，但仍足以看出韓福瑞的獨特之處，展現了他身為國貓的風采。這一次，貓

咪在聖詹姆士公園散步時,被一個名叫哈妮(Frau Hanni)的德國女性帶走。她以為他是一隻遭主人遺棄的貓,所以把他抱進懷裡,帶到獸醫院檢查,而醫生很快就認出貓咪的來歷。通報唐寧街後,證實是失蹤的韓福瑞,哈妮只好將他歸還回去。在1996年與1997年兩年,韓福瑞的圖像都印在內閣發送的聖誕賀卡上。

1997年5月,韓福瑞在首相換成布萊爾後,生活有了一百八十度的轉變。布萊爾一家搬進了唐寧街10號,謠傳布萊爾夫人不喜歡貓,因為她對貓毛過敏,而且覺得貓不太衛生。有鑑於英國人民對動物的喜愛,幕僚建議夫人拍一張抱著韓福瑞的照片,並聲明不會辭退捕鼠大臣,發送到各大報以平息大眾輿論。

英國首相布萊爾的妻子,雪麗・布萊爾(Cherie Blair),她懷中抱著的是韓福瑞。照片攝於在1997年,並於同一年讓貓貓搬離唐寧街10號。

那完全只是做做樣子，不到六個月的時間，1997年11月13日，韓福瑞就被要求搬離唐寧街。各大媒體極盡挖苦嘲諷之能事，調侃貓咪在保守黨下安穩工作了八年，現在卻遇上了無法信守承諾的工黨。

對於此事，輿論沸騰，甚至指控首相夫人殺了貓。官方發出聲明表示，韓福瑞是「因健康因素不再從事政治服務的工作。」然而，反彈聲浪不斷，民眾要求出示韓福瑞還活著的證據，最後一組政治記者被帶往倫敦南方的某個隱密之處，見證貓咪仍健在，過著令人嚮往的退休生活。

就如同拍人質照片一樣，捕鼠大臣身邊放了一張印有當天日期的報紙，跟著他的新同居伙伴金魚一起擺拍。登普塞（Sean Dempsey）攝影師拍過這隻貓的各種姿態，而他表示當日韓福瑞向他打招呼，「像老朋友一樣蹭蹭他」，因此也認證貓咪的身分。

韓福瑞在享受退休生活幾年後，18歲時回到喵星球。保守黨的議員蓋爾（Roger Gale）對此表達遺憾，他表示仍記得韓福瑞在門房的辦公椅子上睡得很香的樣子，那天下太平的姿態，對於那些來唐寧街議論的人來說，總是讓人振奮起來。他所屬的黨感觸特別深，尤其是布萊爾上任後，貓咪被迫退休。蓋爾還補充說道，大家都十分惋惜韓福瑞的死，並認為大家會將貓咪銘刻於心中。

之後，在英國資訊自由法案生效後，政府向大眾公開許多檔案資料，其中在韓福瑞的備忘錄中寫到：「少量多餐，知道自己隨時都有東西吃。是個工作狂，大部份時間都待在辦公室

裡，沒有很多社交，也不太參加聚會。據我們所知，沒有任何桃色緋聞，也沒有吸食任何毒品。」

🐾 賴瑞時代與間諜貓

在首相官邸沒有貓的 10 年之後，西比爾（Sybil）活力四射的出現了。她是一隻蘇格蘭的黑白花貓。是歷任捕鼠大臣中第二隻母貓。西比爾是跟著財政大臣達林（Alastair Darling）一家人從愛丁堡到倫敦。當時西比爾已是聞名遐邇的捕鼠高手，不過不管她有多厲害，還是無法完全適應內閣繁忙的生活型態。她收到許多粉絲信件，有些甚至是用貓咪腳印簽名的。而一般就是用同一套貓咪優雅的方式來回覆，達林一家甚至製作印有西比爾圖像跟腳印的卡片，以此來回覆所有的郵件。

然而時間最終證明，這位優雅獵手並不適合處於權力中心。經過六個月強烈的適應不良後，西比爾逃家，跟幾個朋友住在一個平靜的小區中。如此一來，唐寧街再一次成為沒有貓咪看守的地方。

幾年後，10 號官邸的攝影機拍到屋內樓梯出現老鼠亂竄，致使眾多「親貓派」人士積極敦促首相卡麥隆（David Cameron）一家人招募新的捕鼠專家。

倫敦的動物收容所，巴特西流浪動物之家（Battersea dogs and cats）推薦了一隻名叫克羅基特（Croket）的黑白花貓，不過首相決定問問家人的意見。最後，卡麥隆的兩個孩子從長長的名單中挑選出一隻，並在 2 月 14 日正式公告的新貓咪成員：賴瑞。

賴瑞，英國內閣辦公室的捕鼠大臣。2016 年的官方照片。

　　媒體隨即展開相關的追蹤行動，隔日 BBC 就報導賴瑞入仕到唐寧街。收容所發佈新聞稿強調這隻前流浪貓「是最好的選擇」，因為既社會化，又喜歡引人注目，擅長人際活動等，其特質十分適合喧鬧的政治生活。

　　賴瑞是在一月初的時候，從倫敦街頭撿回到收容所的，猜測可能在街上流浪了三到五年。入住唐寧街當天，成為大批媒體鎂光燈的焦點，相機不停捕捉這一隻新來的捕鼠專家身影。而賴瑞不像別的貓咪抗拒騷動，他毫無畏懼面對鏡頭，只不過他最後還是沒有平心靜氣的接受所有關注，在當天最後一個女記者想抱起他採訪時，他向對方伸出爪子給了一記警告。

　　英國新捕鼠專家入住唐寧街的消息，不到幾個小時就傳遍全世界，不一會兒 Twitter 上就出現了三個自稱是官方社群帳號搶著發聲。

《衛報》（The Guardian）根據內閣辦公室的消息來源指出，賴瑞並不是首相的寵物，也不是政府公部門的貓，而是「辦公貓」。因此，照顧的花費是由辦公室的人員自掏腰包，而非由公共財政支付。並且表示這隻貓幾乎可以在唐寧街10號與11號兩處的任意地方走動。

賴瑞入住不久後，就謠傳貓的前主人找上門來，表示貓咪原本叫做喬（Jo），已經不見數個月。他甚至在網路上發起賴瑞回家的活動。新聞媒體興致勃勃的追蹤這條八卦，但後來發現是一場騙局，造假訊息只為了求關注。

歐巴馬（Barack Obama）總統在2011年5月份訪問卡麥隆時，趁機認識這個明星貓咪，並且還以美國政府之名送給他一個禮物：玩具鼠。

賴瑞頭一年過得十分平穩順遂，完全無法預測到之後他的惡夢就要隨之而來，破壞他的平靜生活。事情就發生於財政大臣，奧斯本（George Osborne）舉家搬到唐寧街，其中還包括他那一隻大名鼎鼎的弗蕾亞（Freya），據說那隻貓曾經失蹤兩年後，很巧合的在這時又回來了。於是有人猜測弗蕾亞可能是中國秘密情報員，透過在貓咪的皮膚下方植入電子設備來監視秘密會議，成為一隻「貓咪間諜」。而且，有人甚至聲稱自己在皇家海軍的軍事演習中見過弗蕾亞。奧斯本的顧問巧妙地回應質疑，表示弗蕾亞隸屬於財政部門，本來就可以隨意進出各個地方。

弗蕾亞的知名度越來越高，開始謠傳賴瑞要跟弗蕾亞共享捕鼠大臣的頭銜。這件事被官方全盤否定，並重申職位只有「一

個」大臣。賴瑞也重新掌權，2013 年，傳聞賴瑞正在考慮競選倫敦市長，一度引起熱議。而他曾待過的收容收到一塊藍色匾額，上面寫著：「收容過賴瑞，一隻唐寧街的貓。」

🐾 貓咪也脫歐

2013 年同樣也在有卡麥隆與貓咪不合的傳言，這讓首相得發出聲明，明確表示自己與貓的關係很好，相處非常「融洽」。

2014 年，弗蕾亞搬離唐寧街。正當內閣的領地得到片刻寧靜之際，帕默斯頓（Palmerston）卻在此刻出現了。帕默斯頓是外交部的貓咪，是很有活力的捕鼠高手，所住的辦公室離唐寧街不遠。因此，兩隻貓的地盤交界處相互重疊，所以不時會發生衝突。

帕默斯頓又會被叫「燕尾服」，因為他身上的黑白花紋很像那種服飾。他的名字是取自一名大英帝國的外交官員，帕默斯頓勳爵（Lord Palmerston）。而貓咪要進到外交部的許可，是由當時的外交部秘書韓蒙德（Philip Hammond）到下議院進行答辯的，議員質疑：「帕默斯頓是歐盟或其他外國勢力的間諜或臥底嗎？」韓蒙德十分幽默的方式來回答審問，他表示：「確定不是間諜，我保證會定期重新檢驗。不過，『臥底』那倒是肯定的，常常就在我辦公桌底下……。」

2016 年 7 月 11 日，兩隻貓之間的緊繃狀態已達到臨界點。帕默斯頓好幾次出其不意的偷溜到 10 號屋內，而警衛總是十分溫和地把他護送出去。這種侵門踏戶的行動已是對決的信

號。賴瑞在這場衝突中遺失了項圈，但沒有受傷，而帕默斯頓損傷了耳朵。

帕默斯頓因為自尊受挫與巨大的壓力，導致他不自主的抽搐、舔舐自己。在下崗休養半年之後，他按照帕默斯頓方案規定返回職場。在這個方案下，確保貓咪的健康，預防他暴飲暴食，以及產生過大的壓力。

2020年8月，帕默斯頓在服役四年半後，宣佈退休。他在「外交貓（Diplomog）」推特帳號上，發佈遞交給麥唐諾（Simon McDonald）爵士的退休信函，信中表達自己十分喜愛爬樹，很開心能在鄉間的別墅裡巡視附近的環境。儘管他已經卸下職務，但可以確信他將永遠都是英國的外交官。

與此同時，賴瑞仍繼續自己的日常作息。沒多久，在一個下雨的日子，川普總統前來參訪，而賴瑞決定躲進美國總統那輛綽號為「野獸」的豪華防彈轎車底下，這行為觸動了特勤安全警報，但這小傢伙仍堅持待在車底不離開。

賴瑞，最新的捕鼠大臣，躲在川普總統座車底下，引發現場警報大響，讓梅伊首相傷透腦筋。《路透社》向全世界發佈此條新聞。

不過，檢視環境安全本來就是賴瑞的職責。根據英國政府官方網頁介紹貓咪的欄位中，表示其職責包括迎賓、檢查安全機制，以及透過午睡的方式來測試古董家具的品質等。

賴瑞在英國越來越有名，而且梅伊（Theresa May）接任卡麥隆的首相職位之後，不僅保留住賴瑞的工作，還把讓他戴上英國國旗作為項圈以紀念英國脫歐。某個賴瑞的非官方帳號（@number10cat）中，戲稱賴瑞應該可以在布魯塞爾拿到比梅伊首相更好的合約。

據說賴瑞擔任公職的時間，比英國任何一位政治家或政黨都還要久，即使唐寧街的政治風景不斷更迭，在這棟極具代表性的房子裡，不管遇到多少隻來來去去的貓企圖在此幫忙，他仍然堅守崗位，把內閣辦公室與周圍建築物的老鼠，全都拒之門外。

新的貓咪格萊斯頓（Gladstone）到財政部門工作，讓大家都鬆了一口氣。因為先前賴瑞越來越懶洋洋愛睡午覺，而萊斯頓，這隻以財政大臣威廉·尤爾特·格萊斯頓（William Ewart Gladstone）命名的貓咪，據傳擁有輝煌狩獵記錄，比任何一隻捕鼠大臣都還要厲害。事實上，他在上任三個月內就已經贏得了「冷血殺手」的美譽，因為他已擒殺六隻老鼠。

無可避免兩隻貓會被拿來比較，財政部的員工忍不住提到賴瑞半年才抓一個獵物。但格萊斯頓第一年清算的戰利清單中，已經累積了22隻老鼠和2隻蒼蠅。

三隻貓負責的領域十分清楚。財政部建築是由格萊斯頓主導。外交部區域是交由帕默斯頓巡邏，而10號官邸的主人仍

格萊斯頓與強森首相時代的財政大臣兼衛生部長,賈偉德(Sajid Javid)合影。(照片:HM Treasruy)

是賴瑞。不過,三隻貓之間的敵意卻是可以穿透建築物的物理限制。

每一隻貓都有自己的公關,可以在社交網路上發布官方聲明。而媒體也很樂意加深貓咪彼此的競爭關係,進行三隻貓受歡迎的民意調查,來選出最受歡迎的貓咪。

網路上到處可見貓咪獨特格性的資訊,像每隻貓的品味,還有打獵績效排行,以及各種評論與無數張照片等,每一件事都會讓我們不禁露出如貓般的謎之微笑。

唐寧街的英國捕鼠專家的貓咪王朝似乎會一直延續下去,因為貓咪在世界裡,不僅捉老鼠,同時也捉住人們的敬佩與愛戴。

東京豪德寺的招財貓

5
貓社區，超自然力量的貓與招財貓

「跟人一樣，貓也是如此：
一件事做超過三個月，就成習慣了。」

——夏目漱石

　　如此虔誠的崇拜貓咪，全世界大概只有日本了。日本人愛貓有千年以上的歷史，當今有些島上的貓甚至比人多。在日本，不僅有首創的貓咪咖啡廳，還設有貓咪保護區，以及以貓為主題的火車站。日本可說是愛貓者的天堂。

　　日本過去十年就出版了 5400 多本與貓咪有關的書籍，數量遠遠超過佛教、棒球、足球或清酒等主題。在日本，貓的身影隨處可見：活生生的貓、瓷器上的貓、動畫中的貓、畫作中的貓⋯。

　　六世紀，貓咪跟著第一批佛教僧侶搭船從中國到日本。貓咪的任務是保護佛經的講義卷軸防止遭受老鼠的咬壞，而這也是僧侶們會在寺廟中養貓的理由。跟佛的連結賦予貓一種精神性的象徵，代表著光明、平靜與和諧。僧侶認為內心揣測不安

貓又,源自1737年的《百怪圖卷》。

的人,絕對無法真正理解一隻貓。以下就讓我們來看看兩者關連的起源。

日本人和貓之間的關係在十世紀發生有趣的變化。西元902年,天皇頒布禁止貓咪買賣交易的法令,並呼籲把貓放養捉老鼠,幫助國家絲綢產業免受危害。當時,貓咪成了超凡神聖的存在,不僅拯救了日本神道教,而且日本經濟繁榮也靠他們。如此一來,貓咪開始在日本人心中擁有一個特殊的地位。

眾多與貓咪有關的傳說故事開始逐漸成形,最有名的就是「化貓」的角色,據說這種貓能變成人形,且具有超自然能力。這隻貓擔任的神奇功能,即是成為了人世間與神靈之間的橋樑。

貓如何變身？一隻貓要成為化貓得活的夠久（有些人認為是百歲，有些人則認為大概是十三歲），或者要有一條長尾巴，如此貓才能擁有超自然能力，懂得操縱靈魂與亡者，並且能夠說話、施法，以及噴火。

要辨別是貓還是人，日本人確信就算貓能變身成女人模樣，影子仍是貓的形狀，不會是人的影子。這種推斷肯定與油燈中使用魚油有關，因為喜歡偷喝魚油的貓，會在牆上投射出巨大影子，而婦人也常常靠在燈旁，兩種影子交疊就出現這樣的錯覺。

另一種有超自然能力的貓是「貓又」。這是一種家貓，但當貓尾巴開始分叉時，人們相信貓就可以用尾巴支撐身體來行走，變成一種妖貓，而這就是為什麼古代日本會剪掉貓尾巴的原因。日本的很多文學、故事與戲劇都會講到貓尾巴，而其中最有名的應是日本短尾貓。日本文獻首次出現短尾貓的紀錄，是在西元 1000 年的日本宇多天皇的手稿中。而且，這是最受日本喜愛的貓種。

短尾貓形象特色是短尾巴，源由據說與日本商家中常見的招財貓有關。

🐾 短尾貓傳奇：好運連連看

關於短尾貓的傳奇故事，流傳在日本古老巷弄中，於長者的喃喃細語裡，繪聲繪影地描繪著混沌中乍現的好運。人的命運的改變，都始於與短尾貓的交會，進而引發了一系列意料之外的事件。

從前，一個祥和的日本村莊裡，有一隻名叫小玉（Tama）的貓，她的尾巴特別短但毛絨絨的，像顆吉祥的毛球流蘇一樣。小玉的主人是一個很有智慧的謙卑老人，十分呵護小玉，覺得小玉身上似乎總是散發著一股幸福的氣息。

　　一個夜黑風高的日子裡，一團惡火忽然落到了村落的木屋上，小玉憑著本能，不顧危險向村民的住家跑去，沿途不停喵喵嘶叫要引起人們的注意。有一對母子在十分混亂危急時刻，緊緊跟隨著小玉的步伐，最後走出吞噬他們家園中的火災，遠離火勢的威脅。

　　小玉的英雄事蹟，如風一般快速地傳頌開來，感激之情讓貓與村民之間更加緊密連結在一起。熱淚盈眶的智者老人，欣

豪德寺不僅是貓的寺廟，也是招財貓傳說的起源地。招財貓會舉起右前腳招來好運。日本的每一家企業都擺有這隻吉祥的象徵

慰的送給小玉鈴鐺項圈，象徵著守護與吉祥。於是，短尾貓的傳說就這樣誕生了。

一隻短尾貓，短小的尾巴，脖子上叮叮噹噹的鈴鐺，便成為繁榮與免於災難的象徵。村民認為短尾貓才具備過人的勇氣，所以開始把幼貓的尾巴剪掉，視為是避禍的方法。從此之後，剪貓尾就成為具有功效的傳統習俗。隨著時間的演進，舉起前腳做出歡迎手勢的招財貓也就誕生了。

事實是，在日本，貓咪無所不在，就連寺廟也可見到，像是阿豆佐味天神社與貓貓寺（Nyan Nyan），都展示了貓咪所

十九世紀初，刻有招財貓的商業招牌木刻板。民藝國際博物館。

具備的守護與陪伴的精神。此外，像東京的谷中銀座街區也同樣臣服於貓咪的魅力之中，不管是街道或紀念碑，隨處可見貓咪的身影。甚至連日本的文學界中，都能感受到貓咪的神奇動人，在夏目漱石的許多小說作品中都與貓有關，最著名的《我是貓》中便帶領我們透過貓的視角，看到二十世紀初期的日本社會。

在日本，與貓咪有關的傳說故事說也說不完，日本人對貓的熱愛是無條件付出的。顯然，日本已經成為貓咪的天堂。而且，貓在日本不僅僅是寵物，還是精神象徵，也是生活中不可或缺的溫柔力量。

🐾 日本貓：從貓寺到貓僧

日本國人心中都有貓咪的傳說。其中之一必然是關於一座破廟裡的住持與聰明的「小花」（Hana）貓咪。在破廟中，主人與寵物的日子過得十分貧困，生活簡樸，但生命仍感到充實幸福，因為他們彼此已經可以給予對方最深厚真誠的感情。一天，一個風雨交加的日子，天空發出無數的雷鳴，劈下無數照亮黑暗天際的閃電。此時，一位貴族躲到了寺廟附近的樹下。當貴族等雨停時，目光與小花不安的眼神相遇，而且他看到小貓正揮動著爪子向他招手。

驚異於貓咪奇怪行為的貴族，從樹下走向貓，而就在這個電光火石的剎那間，閃電從天而降，劈向剛才貴族避雨的樹。小花的神祕舉動救了貴族一命。貴族既驚又喜，自此開始供奉

這間寺廟與僧人,並從教義中轉化了自己的心。

而這一間寺廟受到貴族資助,且保證僧人與貓咪所在的寺廟永遠不虞匱乏,即是今日在東京的豪德寺。至今,廟裡仍存放著紀念小花的畫作,以及上千隻大大小小的招財貓。

帶著獨特掛鈴的招財貓,已然成為商人不可或缺的吉祥物,為其招來財富與成功。貓的顏色與舉起哪隻腳都帶有不同意涵:金色招財、黑色避邪、白色和平與省思。當然,除了豪德寺之外,還有其他寺廟也有關於人與貓的聯繫。例如,在東京有一間阿豆佐味天神社,這間神社主要是讓那些遺失貓咪的朋友可以前來祈願貓咪的歸來。在京都有一間貓貓寺,是一間用貓咪相關的裝置藝術來向貓咪致敬的主題樂園。寺中的僧侶,主要是一隻貓僧住持,一隻叫小雪的白貓,以及六名助手僧人,一同迎接每位踏進寺廟的參拜者。

貓貓寺最有名的貓咪,小雪(Koyuki),一隻貓僧。

🐾 小貓佔領的谷中區

現在,讓我們暫時拋開古老的傳說,回到現在二十一世紀的繁華日本,一起來看看當地居民如何與貓咪朋友維持一段特殊連結。

谷中區位於東京市中心,這裡是日本少數幾個經歷過 1923 年關東大地震,以及二次世界大戰轟炸過後,還倖存保留樣貌的地方。或許,多少也有貓咪好運加持的關係,畢竟這幾條街道是當初貓咪逃往的安全避難場所。而且,現今谷中區也是各國大使館設置的地點。在這個區域,不必走進高級咖啡廳,在狹窄的巷弄中,彎個腰就能遇見貓了,讓你體驗貓咪一路相伴。在谷中區最先注意到的會是貓咪喵喵的叫聲,這裡可能是東京街區中貓最吵的地方了。而東京的其他區跟貓關係也有所不同,像是夏目漱石居住的神樂坂,自 2010 年開始慶祝貓妖節,數千位前來參加慶典的人都會被要求以貓主題,特別是化貓(也稱貓妖)來裝扮自己。

貓咪絕不僅僅只是寵物,風靡全球的貓咪咖啡廳也為家中無法養貓的顧客,提供從撫摸貓咪中得到慰藉。日本許多企業也開始借鑑咖啡廳的成功例子,同意工作場合中能夠養貓,相信員工可以從癒療系的貓咪魔法中減輕工作壓力。

在日本,貓象徵著幸運與高貴。不管是漫畫中的主角、傳奇故事裡的人物、紀念商品、藝術作品等,日本貓咪在日本文化核心中留下一道無法抹滅的印記。

每年的 2 月 22 日(歐洲則為 2 月 20 日)為日本的貓之日,

貓妖節遊行隊伍中的參與者

這一天對日本人民來說，是一個愉快的日子。在日本的貓之日也被稱為 Nya Nya Nya，而這是個富有深刻意涵的有趣名字。事實上，日本的貓不是喵喵叫，而是發出「nya」的聲音，聽起來很像日文的「二」。而這就是為何日本不選在 20 日，而是在 2 月 22 日（三個 nya）慶祝。2 月 22 日這個選擇揭示日本人對周遭世界的親密感受，以及富有哲學的詩意。

🐾 貓得傢俱，必當泉湧相報

在日本，貓咪正在成為一種財源滾滾的門路。最近，飯店業者興起一股熱潮，也就是出租貓咪給尋求陪伴和療癒的房客。這個商機引起了許多業者爭相仿效，因為精明的商人都懂，讓貓咪圍繞在旁絕不只是為了好看，而是貓咪還能帶來好運與繁榮。

而且，對貓的迷戀，甚至延燒到傢俱業。金融危機時期，有遠見的傢俱行做了一個大膽的決策：如果人的生意難做，何不改做貓生意，專門替貓咪設計沙發、床與椅子？

　　傢俱業這一個出其不意的轉變，廣受市場歡迎。建造一棟適合人與貓共同居住的和諧家園，現在仍然需求不斷。人與貓合住已是趨勢，對於牆面和天花板的設計，除了要求木材與玻璃支撐強度外，還要做到讓貓容易在空間中攀爬走動。

貓咪咖啡廳成為日本上班族紓壓的場所，工作的辛苦在此獲得釋放。第一家貓咪咖啡廳開在大阪，目前遍及全國。

房子要有強化的貓爪板好讓貓咪可以磨那鋼鐵般的爪子，牆壁的銜接處要能成為貓咪探索與玩耍的地方。這些空間的設計都是為了讓貓咪可以充份展現自己天生的好奇心與貪玩的個性，而牆角落也提供貓咪躲藏與曬日光浴的場所。

從這些人貓合住的房子設計中，明顯看到一個不可否認的現實：貓才是房子的真正主人。日本作為一個跟貓有著深厚友誼與傳統象徵的國家，貓在此充份發揮了自己迷人又可親的一面，日本人用信仰與尊重作為回報，更從中發展出貓咪咖啡廳，任何地方的人都無法像日本人一樣展現出人與貓之間的相親相愛。

值得一提的是，世界上開設第一間貓咪咖啡廳的國家不是日本，而是台灣。不過，自從2004年大阪第一家貓咪咖啡廳開始營業後，便一家接著一家開，在日本成為普遍常見的特色咖啡館。據說撫摸貓咪時，若聽到貓發出的呼嚕聲，會有減壓效果。也因此，這讓日本上班族都想去體驗一下。

拯救沒落車站的貓咪

即使在象徵著日常與現代技術的鐵路世界裡，小貓也在可以川流不息的宇宙中標識出自己的位置，征服旅客的心。

火車的案例中，最著名之是小玉電車（Tamaden），行駛路線全長14.3公里，承載旅客至日本和歌山的鄉村地區。當然，這列火車背後的故事絕不僅限於鐵道與車站。

故事是發生在貴志川線，因為乘車旅客數量過低，鐵路局

正在貴志車站中睡覺的是小玉站長,也正是由於這隻小貓,讓沒落車站能從一輛以貓為主題的「小玉電車」,每年成功吸引數千名的遊客搭乘。

當局考慮關閉這條路線,但這同時也導致當地許多人失去連外的方式,變得孤立無援。然而,正如同小說情節一樣,貓的出現改變了車站的命運。

那隻貓就叫小玉。小玉是由一名車站女員工帶到車站的,因為她無法把小玉單獨留在家中,所以想要拜託主管讓小玉住在車站裡,但由於車站規定不允許動物棲居,所以這腦筋動得快的主管便決定讓小玉成為車站的員工。而且,由於小玉工作表現出色,不久後便晉升為貴志車站的站長。

花貓小玉成為了幸運之星,是在她「聘雇」的第二年後,車站以她之名創建了一輛小玉電車。小玉是電車的車長,她會穿著站長的制服,以及配戴站長的帽子,如此一來便吸引大批乘客的目光,因而振興農村地方觀光。自此以後,小玉成為車站的中心。

小玉電車的車頭就像貓的頭一樣,門就像貓的嘴巴,窗戶像眼睛,車頂上還有兩隻耳朵。而且,在火車內部也是以小玉的形象來設計的,例如座墊與背墊是貓頭與貓掌的形狀,吊燈是貓咪的外形輪廓,地板還有貓咪可愛的腳印。

儘管小玉於2015年辭世回到喵星球,她九年來的卓越服務精神是由一隻叫二代玉(Nitama)的貓咪來延續,由她成為貴志車站的新站長。貴志川線現在仍是一條十分熱門的觀光旅行路線,搭車的乘客除了可以在火車上認識到貓咪的歷史之外,沿途也能欣賞日本鄉村迷人的風景。

貓咪在這顛覆傳統之處找到立足之地,因為貓咪不再只是旁觀者,而是共同守護鐵道的一分子,自身便是貓咪文化的推廣大使,而這就是日本如何學會珍惜,以及尊敬這些神祕的貓咪夥伴的方式。

🐾 日本的馬諾利達女士,哈奇女士

尋求好運的魔力是無國界的。在西班牙馬德里,最常開出頭獎的彩券行名稱叫:馬諾利達女士(Doña Manolita),因此那裡時時刻刻都大排長龍,民眾期望能沾染上一點好運。而在

日本東北部的茨城縣水戶市，有一隻名字叫小八（Hachi）的貓，她在香菸雜貨店用獨特方式讓大家都可以中獎，因此成為貓咪傳說的最佳代言人。

假若在西班牙的樂透彩券行，馬諾利達女士贏得了國際注目，是憑藉著每年聖誕節開出獲獎的彩券號碼，而類似的方式也映射在日本的小八身上，她總是能幫助大家中獎，因此信眾便越來越多。

小八是一隻白色的貓咪，綠眼珠上方有兩道粗黑大眉，長得十分獨特，形狀像極了中文字的「八」。「八」在東亞文化中發音有著「發」的吉祥意思，這也是為什麼大家很容易從小

這是被戲稱為「囧臉貓」的小八，一隻擁有「傳奇眉毛」的貓，在社群上十分出名。之所以叫做小八，是因為她的眉毛長得像日文漢字「八」，在日本文化裡可是象徵著好運呢！

八身上聯想到好運。小八的人類同伴是前田洋一先生,他表示自己與小八的相遇是在十分不可思議的情況下發生的。

3月11日發生的日本大地震,讓位於日本東北的水戶市遭受嚴重的蹂躪,前田先生的生意損失極為慘重。正當他猶疑不決是否要重新開業時,有一位朋友跟他說起一隻有獨特八字眉小貓。前田先生在2011年6月決定領養小八,他覺得在困難時期,小八能帶來歡樂。

前田先生出差時,他會委託鄰居看照小八。而就在那時候,這一間經營五十年的菸草店開始聲名大噪,因為自從小八接掌生意以後,大家中獎金額居然累計至數百萬日圓。消息傳開後,菸草雜貨店也就成為尋求好運的人的聚會場所。

事實上,小八並非單一事件。東京有一隻名叫瑪可(Mako)的美麗白貓,她的小名又叫「真・招財貓」,在2010年,因她而中獎的彩券獎金累積已超過26億日圓。這間彩券行在瑪可出現前,任何大獎號碼都沒有開出過,但就在瑪可到櫃檯工作後,那一年就開出了頭獎。

在世界的兩端,不管是西班牙或日本,貓咪的幸運傳說將會繼續流傳,讓那些尋求一點好運魔法的人們,依舊懷抱希望與信念。貓咪留下的足跡將源遠流長,為歷史刻下印記,並在相信貓咪神秘力量的人心中留下無法抹滅的存在。

愛貓的人也會喜歡日本。希望能一直聽到這麼多獨特又有趣的貓新聞,因為有貓的世界必然更美好。

戰地裡的貓咪會警告瓦斯外洩、守護補給品，在攻擊發生之前會呈現毛髮聳立，並且能用溫柔的咕嚕聲提高部隊士氣。海軍士兵們都十分喜愛貓咪。

6
戰爭中取勝的貓英雄

「*我佩服貓。貓是少數*
主人還看不透的動物。」

——艾可（Umberto Eco）

乍看之下，可能會覺得貓咪不適合生活在戰場上那種悲慘的環境之中。然而，頑劣的歷史卻向我們展示出，貓咪在數千場的戰役中，英勇與足智多謀的表現，在戰場上發揮出驚人的能力。

貓幾乎在人類懂得航海後，就跟著水手上船，與熟習水性的船員前往全球各地。在古埃及墓穴繪製的壁畫場景中，我們可以發現到一艘正順著偉大尼羅河蜿蜒而行的船上，有一隻在追捕獵物的貓。或是，擅長在地中海航海經商的腓尼基人，也十分認可貓咪有益於消滅船上的鼠類。

讓我們回到先前談過的貝魯西亞戰役，在這場波斯人對上埃及人的戰爭中，波斯帝國發現到貓咪在偉大的埃及具有神聖地位，因此利用這一點來讓自己佔上風，波斯軍隊在盾牌上畫

埃及人尊敬的巴斯特，並且在前線放出貓與其他動物。並且，十分殘忍地把貓咪當作石頭扔到城牆上。如此一來，不想傷害貓咪的埃及人，被迫屈服於這種令人不齒的計謀。而這也是貓咪變成軍事史上取得勝利的奇怪方法。

　　直至今日，貓咪在許多戰場仍有著至關重要的作用，而且他們的名字都十分獨特，像是恐怖湯姆、西蒙、不沉的山姆或塞瓦斯托波爾的湯姆等。這些貓咪跟隨著經驗老道的水手，乘坐最著名的戰艦航行至數萬英里之遠。在船上，貓咪很受海軍士兵的疼愛，會穿上訂製合身的制服，睡在適當高度的吊床上。在軍艦上的貓，儘管可能終其一生都未曾把貓爪子踏在堅硬陸地的機會，但無庸置疑，他們全是最忠誠服役於陸、海、空三軍的傑出貓咪。

　　貓在戰爭中發揮的效用令人十分驚嘆。首先，貓可憑藉其敏感性與敏銳的直覺，透過空氣偵測感應到襲擊之前即將發生的危險，並在爆炸發生前發出警告。貓咪的警告信號通常是毛髮豎起、焦躁不安或不停喵喵叫，藉此讓每個人意識到即將可能發生的轟炸。

　　例如，在第二次世界大戰期間，蘇聯軍隊中有一隻十分重要的後援貓咪，他的名字叫斯魯賈奇（Slujach），出身於聖彼得堡。斯魯賈奇可以在大炮或轟炸機攻擊城市之前，傳遞警告，毛髮立起，發出令人不安的叫聲，為蘇聯軍隊爭取到寶貴的避難時間。斯盧賈奇的狡點與敏銳，可以說是戰爭時期珍貴的資源，拯救了無數條生命，為生命的逆境帶來一線希望。

　　斯盧賈奇料敵如神的技術十分令人驚嘆，精準度甚至勝過

於當時軍用雷達的預測。而蘇聯軍隊也殷鑑於斯盧賈奇的勇敢與高超技能，除了視為正式蘇聯兵之外，還授予一枚刻有「我們也為祖國服務」的勳章，表彰他傑出的服務。

航海時代的初期，與大海拼搏的勇敢水手認為神秘的貓尾巴具備氣象預報的神秘能力。當貓用一種特殊節奏搖擺尾巴時，表示即將面臨一場暴風雨的襲擊。關於這種能力，時間久了之後，閱歷豐富的老船員就發現到貓尾巴直豎立起，是在應對氣壓的劇烈波動，所以才能很準確地預警惡劣天氣的到來。這些富有冒險精神的船員對船上貓咪的一舉一動都不斷推敲其意義，認為每一個不尋常的行動背後都代表著某種預兆。如此一來，貓咪在某種程度上可以說是一隻毛絨絨的晴雨預測表。

事實上，海上的貓可以說是所有迷信的源頭：準備出航的水手們認為貓咪願意登上的船，是這段航程的好兆頭。相反的，如果在船上度過一生的貓在啟程前，決定離開，就會視為壞兆頭而使得船員會被這種可怕的預感不斷折磨。更不好的是，假若水手看到兩隻貓在碼頭上打架，航行將會不平靜，因為認為這船員目睹的是天使與惡魔之間史詩般的戰鬥的前奏，意味著船員要面對自己已經被捲入的鬥爭之中。而在這樣的時刻，水手們的命運似乎已成定局，不安的陰影籠罩在水面上。

另外，貓咪在戰爭中發揮的另一個重要功能，是預告可能發生的毒氣攻擊。二次世界大戰期間，有些無所畏懼的貓咪經常會先登上潛艇，充當空氣純度感測器，預防化學攻擊。

而且，貓在戰爭時期也是物資守護者。一個相關的例子就發生在蘇聯的列寧格勒城市在結束納粹圍城之後，跟隨著第一

批食物進城的，還包含了四輛載滿貓咪的卡車。因為根據受困者的回報，在圍城的戰爭期間，城市內同時也遭到老鼠的侵擾，所以排隊的受困者也同樣等待獲取一隻貓。關於這件事，我們將會在另一章節中討論。

　　船員在面對戰爭的黑暗時刻，貓咪的存在也有鼓舞士氣的作用。在一些船上，貓也被視為船員的一份子，在營區裡陪著士兵最為艱堅的時期提供一絲溫柔與安慰。貓咪的這些的貢獻，人類最終也以獎品和勳章作為回報。

　　歷史悠久的英國皇家海軍累積了深厚的航海傳統，其中一項就是十分迷戀貓，原因不僅是貓咪的捕鼠能力，還特別欣賞貓咪適應任何環境的能力。

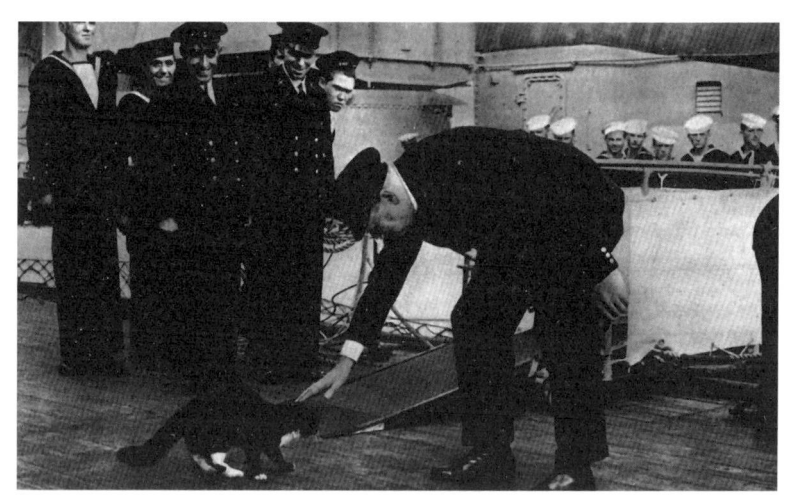

戰爭期間，有許多貓因其貢獻而獲得獎勵和勳章。第二次世界大戰期間，邱吉爾在一次視察部隊時，彎身撫摸一隻小小的勇敢士兵。

據說水手很迷信，特別重視貓的直覺與生存能力。其中最具代表性的故事可以透過一隻名叫 U 艇的貓來理解。貓的名字叫 U 艇，是以他服役的潛水艇來命名。基本上，養貓的人都知道，貓咪偶爾會消失不見，不過消失時間太久，船員會視為不祥之兆，唯有貓咪最終出現後，才覺得船上氣氛恢復正常。貓咪歸來總是落地有聲的，儘管悠然自若走著，但卻彷彿在宣告：「男孩，冷靜點，老大回來了。」

貓咪甚至在第一次世界大戰期間，對於國家之間建立聯盟也具有影響力。大英帝國在飛機、車輛、海報與制服上，都印有象徵好運的白貓圖像，如此才能贏得緬甸人的合作的機會。事實上，緬甸最初是保持中立的，他們十分擔心若允許英國人在自己領土上建立基地，會遭受日軍報復。然而，當地居民認為這是與白貓的盟友結盟，所以態度有了一百八十度的大轉變。在此，我們再次看到貓咪在戰爭中的外交上有趣的實際案例。

🐾 西蒙，一爪斃命毛澤東的貓

世界戰場何其多，這次我們將到中國內戰與西蒙（Simón）相遇，看看這一隻黑白花貓如何撼動人心。

西蒙是在 1948 年由一名英國海軍在香港撿到，並偷偷帶到了英國皇家海軍紫水晶號（又譯紫石英號）巡防艦上。西蒙剛上船時營養不良、骨瘦如柴，但他還很快的就擄獲船員與軍官的心，特別是他瘦小枯乾的身形，卻在甲板下層的捕捉老鼠的反差氣勢，便已向所有人展現出他待在艦隊上的價值。

西蒙以大剌剌聞名，他會在船員床上送上死老鼠當為禮物，而他最喜歡睡覺的地方，是艦長的帽子。他在巡防艦上平靜的日子一直到1949年為止。當年紫水晶號被要求為英國大使館提供援助，所以開始沿著長江移師南京。

　　途中，紫水晶受到攻擊，只能在擱淺的江河中奮力抵抗。船身遭到猛烈轟炸嚴重受損，但英國海軍還是展現出不畏逆境，頑強抵抗的精神。而就在煙硝四起，一片混亂之際，西蒙這一隻勇敢無畏的貓，依然存活，與士兵同一陣線。不管是風平浪靜還是處於暴風雨之中，他都與大家共同著守衛軍艦。

　　軍艦陷入失序紛亂的陰霾之中，然而西蒙的存活成了這場悲劇場景中的一股慰藉，為船上的同僚提供一些喘息的機會。再一次，無論長江上的戰火多麼兇猛，貓咪有九命怪貓的能耐，活著走出1949年4月底的這場人間煉獄。

海軍少校克仁斯（John Kerans）與西蒙，隸屬於紫水晶號的貓。

這場戰役，除了讓紫水晶號受損嚴重之外，也奪走了22名英勇海軍的生命，導致31名士兵受傷，而且在此之中還包含一個特殊的倖存者：一隻貓。關於西蒙到底如何成為這場戰役的傳奇，這個故事值得我們詳細的說明。

西蒙是在船長室睡覺時遭受攻擊的，儘管受了重傷，但他仍然突破萬難，努力從已成廢墟的船艙中爬到了外面的艦橋上，在那裡得到獲救的機會。事實上，當時船員的處境也並不樂觀，海軍並未丟下這個小傢伙，而是把他送到僅存的醫務室治療，而最令人驚奇的是，西蒙小小的身體內卡了四個彈片，皮膚有嚴重燒傷，但或許貓確實有九條命（比西班牙人認為的七條命還多兩條），這個毛茸茸的小傢伙逐漸康復。

紫水晶號停靠在岸邊之後，老鼠開始出沒尋找食物。當時儘管西蒙仍負傷，但卻繼續捕鼠，兇猛堅定的精神保護住海軍士兵的食物。

紫水晶號離開長江之後，西蒙的英勇事蹟很快就傳了開來，受到英國媒體與全世界各大新聞的讚揚，後來獲得迪金勳章（又稱為動物的維多利亞十字勳章）。之後，由於他立下功績，捕獲臭名昭彰的老鼠毛澤東，因而又獲得紫水晶戰役獎章，並晉升為「一等海軍貓」。在女王陛下官方發布的獎狀上，寫道：「殷鑑於功績與傑出的服務（…），在沒有武器的情況下，單打獨鬥挑戰一隻名為毛澤東的老鼠的騷擾與破壞，以此保護海軍士兵糧食不受掠奪。此外，據悉，從4月22日至8月4日期間，因他可圈可點的工作態度，軍艦上沒有發現任何鼠蟲造成的災害。

那隻名叫毛澤東老鼠，是一隻巨鼠，十分聰明又具破壞性，所以船員決定以此來命名。因此，當西蒙使出貓的看家本領，滅鼠成功，這事為水手帶來無比的歡樂鼓舞。

在這一個事件之後，關於船艦去留經過數週緊張的外交協商。最終，船艦度過艱難維修與挺過拖運之後，在7月30日順利趁夜間漲潮起錨逃脫，成功離開長江。在8月11日，安全抵達香港港口。見證大船入港的人，都因其韌性與堅強的決心，為之動容。

西蒙獲得迪金（Dickin）勳章，主要是由英國獸醫慈善機構（簡稱：PDSA）頒發的。這個機構是動物福利先驅迪金（Maria Dickin）於1917年創辦，而決定給予西蒙勳章，不僅是因為捕鼠能力，還有為船員在艱困時期提供撫慰的支持。

西蒙在紫水晶號停靠英國的每一個港口，都受到熱烈歡迎，並獲得十分高的待遇，一直到11月抵達終點普利茅斯（Plymouth）港為止。他的行為為自己贏得名聲與世人的心，寄給他的信一封接著一封，源源不斷。事實上，英國為此任命「官方貓咪信差」來回應粉絲來信。在西蒙的故事中，我們看到人與貓之間相互給予的勇氣，對生存的堅毅，以及彼此的緊密相連的關係。

11月21日，紫水晶號停靠在普利茅斯港。船員在此與家人團聚，西蒙則是被送往薩里郡（Surrey）進行海外動物入境強制隔離規定。十分不幸，西蒙在隔離第7天後，11月28日，西蒙回到了喵星球。前往悼念的海軍認為西蒙是因為傷心自己被迫與朋友隔離，才選擇離去的。

西蒙雖然服役尚未滿四年，但他的葬禮是以高規格的軍事榮譽來舉辦，他的海上同伴都到 PDSA 指定的伊爾福德（Ilford）墓園向他追思。PDSA 自 1943 年起，也就是頒發第一枚迪金獎章以來，目前共授予 65 隻動物此項榮譽。在二戰期間有 32 隻信鴿、3 匹馬與 29 隻狗。西蒙是唯一獲此殊榮的貓。

　　西蒙的故事後，我們將要介紹山姆非凡的事蹟。山姆可說是二十世紀最著名的貓咪之一，並以暱稱「不沉的山姆」出名。而他之所以得到此綽號，因為他在二戰的船難中活了下來了，展現出超凡的生存能力。

🐾 不沉山姆，逃過三次船難的英雄

　　山姆（Sam）是同盟軍的稱呼，原本屬於德軍的貓，被稱為「奧斯卡（Oskar）」，不過無論如何稱之，山姆令人驚呼連連的冒險旅程，可以說是二戰中最令人震驚的故事了。山姆就像西蒙一樣，是一隻勇敢無畏的黑白花貓，而且他沒有與三艘沉沒的戰艦一同埋葬於大海之中，而是在混亂失序，漂泊不定之際，依靠著海上的浮木，毫無阻攔的從軸心國漂到同盟國。

　　山姆的海上職涯始於納粹一方，登上是駭人的俾斯麥號（Bismarck）號。後來這艘大型戰艦沉沒時，2200 名船員中只有 118 人倖存，其中還包含山姆。把山姆從海中漂浮木救起的是同盟軍負責守衛地中海的戰艦，哥薩克號（HMS Cossack），自此他就改名為山姆。

山姆在戰艦上生活了五個月之後,這艘船就被納粹的魚雷擊中,有 159 名船員死亡。再一次,山姆在地中海中貼著一塊木頭載浮載沉時,被英國船隻救起。一名英國軍官在聽聞知道他的生存故事後,就幫他起了個「不沉山姆」的綽號。

　　山姆第三次登上的軍艦是皇家方舟號航空母艦(HMS Ark Royal),也就是先前擊毀他第一艘任職的俾斯麥號的戰艦。山姆是因為方舟號船員收養而登上此船,但在回返到馬爾他途中,軍艦遭到敵方潛水艇襲擊,沉沒於直布羅陀附近。再一次,山姆又被發現緊貼著木塊,於大海中載浮載沉。

　　這隻不沉的貓成為了真正的漂浮傳奇。然而,詛咒似乎如影隨形,後來山姆登上英國皇家海軍閃電號(HMS Lightning)於 1942 年被擊沉,而隨後 1943 年的英國皇家海軍軍團號(HMS Legion)也同樣被擊毀。不過幸運的是,山姆,這隻幸運小貓,這一次終於可以不再是海上悲劇的旁觀者。

山姆(Sam),又被納粹稱為奧斯卡(Oskar)。在船難中被盟軍從海邊撿了回去,並也在隨後發生的兩次船難中活了下來。這是一幅山姆的肖像畫,於格林威治國立海事博物館展出。

直布羅陀的總督十分欽佩山姆經歷這麼多船難折磨後，仍不對命運的殘酷遭遇低頭，因此決定收養這隻小貓。因此，在英國皇家海軍軍團遭遇悲慘結局的前一年，山姆已經改變生命軌道，安全提早退役，終於不再於大海上漂流。

山姆在大海的漂泊與和戰爭的流離失所中找到了歸屬，成為直布羅陀政府部門裡的捕鼠大將。而在不久之後，他被轉到愛爾蘭北方的貝爾法斯特（Belfast），住到了好心的水手之家中，並於 1955 年戰爭結束之際，回到了喵星球。

山姆於葬於貝爾法斯特的海軍公墓區中，石碑以具有海軍特色的「不沉山姆」來命名。此外，與山姆的肖像也於於格林威治國家海事博物館展出，以致敬他在戰爭中勇敢，且積極為生存奮鬥。

🐾 嗅覺敏銳的湯姆救了軍隊

1853 至 1856 年間，歐洲發生克里米亞戰爭，主要是俄羅斯的沙皇尼古拉一世，對抗由法、英帝國所支持的鄂圖曼帝國。而在這場戰爭中，我們要介紹的英勇貓咪名叫塞凡堡‧湯姆（Sebastopol Tom），又稱克里米亞‧湯姆（Crimea Tom）。湯姆的英雄事蹟是發生於 1854 年，當時英法聯軍對克里米亞半島上的塞凡堡港口進行圍城行動。城中由於物資匱乏，士兵都處在極度飢餓之中。

在圍城期間，蓋爾（William Gair）隊長帶著他的第六龍騎兵隊在城中搜查時，遇到了一隻虎斑貓。這隻貓像個君王一

樣悠哉地躺在碎石瓦礫上，與周遭殘破不堪的環境形成強烈對比。當士兵靠近貓咪時，貓也表現的十分友善，因此蓋爾決定把貓咪帶回去當作寵物。

由於一年的圍城，軍隊的食物也所剩無幾，蓋爾躊躇著如何解決此道難題，而當他注意到這隻在圍城中倖存下來的貓，驚訝地發現他一副五穀不愁的模樣，這讓他推論出一個有趣的結論：貓捉老鼠，老鼠偷吃糧。那麼，應該會有一個還沒被軍隊吃到的糧倉存在。

蓋爾與軍隊半信半疑跟隨著貓咪狩獵的腳步，然後便又回到他們發現貓咪所在的同一棟樓房，接著便看到貓鑽進一個小洞，通往地下室。士兵狠下心來決定要一探究竟，便著手清除碎片瓦礫，將洞口擴大到人可以進出的程度。

一進入地下室，眾人便發現這是一處糧倉。儘管大部分食品都已經無法食用，或被老鼠吃掉，但還算是有足夠的糧食可以先緩解軍隊的飢餓。之後，也有好幾次，在睿智湯姆帶領之下，在碼頭附近發現到不同糧倉位置，算是為軍隊圍困的困乏提供一條生機。軍隊能夠存活下來，完全要歸功貓咪的敏銳搜尋能力。

戰後，湯姆跟著英國士兵到英國，在那裡安享晚年。兩年後，他便回到喵星球，但關於他的英雄事蹟與紀錄已留在歷史之中。英國海軍博物館就展出一隻根據湯姆模樣製作的毛絨貓，靜靜地致敬他的英勇。在博物館中，這隻有著美麗琥珀色眼珠的虎斑貓是遊客喜愛的貓咪之一。不過，老實說，至今仍無法證實是否就是塞凡堡・湯姆。

關於勞阿德（John Dabiac Luard）在 1855 年的油畫《歡迎到來》，根據國立陸軍博物館的說法，並不清楚畫中的動物是否有湯姆，僅可以從畫中得知英國軍官正在打開從家裡寄來的包裹。有人認為畫中左邊的人物（饒有興趣地看著手中的東西，應是懷錶肖像）有可能是蓋爾，而在桌上的貓是湯姆。

事實上，在二十一世紀初期的伊拉克戰爭期間，我們也還能見到了人類與貓咪之間親密的友誼關係。那是隻名叫鐵子的虎斑貓，不過被駐營當地的美國士兵暱稱為「鎚子一等兵」。

鎚子是營區裡的好朋友，不僅清空了營地裡的老鼠，而且還有助於替處在敵對緊張狀態的士兵，緩解情緒，獲得分散注意力的可能。即使在迫擊砲襲擊中，這隻小貓也會與新兵一同躲在軍用地堡中避難。

貓咪好幾次讓士兵免於飢餓。在克里米亞戰爭中，當軍隊受困城中時，多虧了這一隻小貓，讓他們找到一處滿是食物的糧倉來餵養士兵。

由於鎚子與美軍之間已建立深厚的友情，因此當軍部接令返回美國時，一等士兵鮑斯菲爾德（Bousfield）希望能一同把這隻毛茸茸朋友帶回去。後來，透過街貓聯盟（ACA）協會與數百人的慷慨捐款，鎚子才獲得降落在美國土地上的旅費與獸醫費用。

目前，鎚子住在一等兵的家中，與鮑斯菲爾德的家人，以及其他的貓幸福地一起生活。這成為戰爭中人類與貓咪之間友誼的一段佳話。

現在，儘管美國海軍的政策並未明確禁止貓咪出現在軍艦，但若海軍要求允許小貓上船的授權卻很少批准。事實上，世界上大多數海軍艦隊都採取類似的立場。不過，俄羅斯除外。

勞阿德（John Dalbiac Luard）的畫《歡迎到來》（A Welcome Arrival）。1855 年。國家軍事博物館

《奇怪內容物》,梅耶(Sal Meijer)於貓博物館(KattenKabinet)中。

7
水上貓咪與
阿姆斯特丹小酒館裡的貓

「我難受時，看看貓就好了。」
　　　　　　——查理・布考斯基（Charles Bukowski）

　　當代作家葛林（John Green）表示，有些人可能覺得阿姆斯特丹是一座罪惡之城，但實際上那裡演出的是一場罪惡與寬恕交織的自由奏鳴。貓咪在海港畫布上找到了自由與棲身之處，能肆意在每個街角、運河上留下足跡。

　　荷蘭以往被稱為低地國，現在則是一個充滿風車與腳踏車的國家，由一千七百萬的人口與兩百六十萬隻的貓咪共享這一片土地。

　　荷蘭人除了有禮又有愛心外，他們還有一個了不起的成就：全世界第一個街上沒有流浪動物，且沒有設置動物保護收容所的國家。這項成就是建立在頒布懲處棄養動物法條，並搭配學校從小實行的相關教育等，持續堅持不懈30年的成果。

荷蘭對購買動物的行為會加重課稅,以防止動物被濫用為生育繁殖工具。

絕育手術有補助,小孩要上尊重生命的教育課程,了解若棄養與虐待動物都會受到法律上嚴厲的懲處,罰鍰高達一萬六千歐元,拘役可處三年刑期。

現在,我們在首都阿姆斯特丹可以找到一連串精彩故事。首都的蛋黃區辛格(Singel)運河上,就有一艘船專門收留小貓的水上貓咪之家(Catboat,或荷蘭語 De Poezenboot)。這艘船從 1967 年開始成為貓咪的聖殿,而起因是一件十分值得佩服與感謝的事。

阿姆斯特丹的「水上貓咪之家(Catboat)」是世界唯一的水上收容所,不過營運艱難,因為在荷蘭沒有棄養動物的選項。

故事的開始就如同許許多多其他故事一樣，始於一名慷慨的單身女子，她叫韋德（Henriette Welde）。一日，她在家裡附近街上發現一隻母貓帶著幼崽流浪，尋找棲身之處。韋德見狀於心不忍，決定把所有的貓都帶回家飼養照顧，同時她也很快就找到願意收留幼貓的人。這便是一切的開端，她不斷的把貓帶回家，不過她也很快意識到自己的住處並不適合收留太多貓咪，所以尋思該如何是好。

七〇年代是一個奇思妙想的時代，自然韋德也不乏這方面的天份，她用募款買了一艘船當作收容所。如此，這便成了世界上第一座收容貓咪的水上聖殿。其後，由於小船內的貓越來越多，水上貓之家再擴大船身成兩倍多的寬度。

2002 年，由於此處成為一個有名的貓咪收容所，因此又有錢買了一艘更大的船，即今日大家在荷蘭的運河上看到的那一艘船。

此收容所十分歡迎任何願意付出自己時間與精力的志工，職務除了照顧、餵食之外，還要清掃貓區，而且下午一點鐘開始要擔任遊客導覽員，以及管理禮品部。

🐾 街上沒有流浪動物

如果荷蘭沒有棄養的貓咪，這些貓從哪裡來的？通常某些人一旦發生無力照顧自己毛絨絨的朋友，就會將他帶到水上貓之家。或是因為貓咪年紀很大，或患重病難以找到安居之處，無能為力時也會找上此處。

阿姆斯特丹的藍街山丘咖啡廳（Café Hill）裡的貓咪姜子（Ginger）
（照片來自 Tripadvisor）

不過，除了運河的漂浮之屋，還有另一處與貓相遇更驚奇的地方，就是酒吧與咖啡廳的吧檯上，貓咪會整天在櫃台上與經過的遊客展示自己的地盤。這些小酒館的貓咪已經很習慣與各式各樣的人打交道，他們不僅擅於狩獵，也會像強悍的水手一樣大打出手，但偶爾也願意溫馴的接受人類的撫摸。

這些商家堅信個性溫馴的貓咪應待在室內，而在酒吧的貓咪是喜歡撒嬌、倔強頑皮的。

根據我以往跟貓咪相處的經驗，在荷蘭貓咪的身型較為豐滿，過得十分愜意，個性非常友善和睦，很會對遊客示好，親暱圍著你喵喵叫，非得融化你的心不可。不過，也不必太當一回事，因為這些貓咪都是虛無主義的信徒，生命哲學就是拒絕任何道德教義與宗教枷鎖，堅信生命毫無意義。

當然，貓咪有七條命才能如此任性無畏的活在生命的極限之中，而這件事在鹿特丹尤為明顯。貓咪不斷穿梭在南來北往的六輪大貨車之中，與輪胎距離之近，真得讓人大氣都不敢喘一下。

🐾 發現俄羅斯間諜的暹羅貓

若有那麼多住戶都養貓，那麼在電視採訪時突然被一隻貓闖入，其實也就不足為奇。事情就發生在一位政治學家正在討論最高法院法官的退休年齡時，一隻橘花貓跳到他的肩上，舔了舔他的臉，最後就盤踞在他的頭上休息。結果是，沒有人確切記得他到底說了什麼，注意力全都被吸引到他的頭上去了。

西班牙也曾深深受到荷蘭愛貓人士的震撼。有一對情侶在省道 AP-9 號公路上發生車禍。他們在車陣中丟失了自己的愛貓芒果（Mango），便在路上找了整整二十天，決心沒有找到芒果不回家。

愛貓的人都能理解這對情侶，因為與貓咪一起生活，就意味著貓咪的魔力已徹底改變周遭人類的生活方式。

1961 年，世界處於冷戰之際，地球上有一半的人對另一半的人保有警戒。那樣的場景也發生在莫斯科的荷蘭大使館中，裡頭有兩隻性情十分溫馴的暹羅貓。外交官在安頓一切之後，注意到他的寵物異常焦躁。兩隻貓表現的很緊繃，開始對著辦公室牆面猛抓。外交官一開始以為牆後有老鼠，但聽不到半點動靜。貓咪失控的行為越來越頻繁，讓官員難以辦公，因此找了工人檢查牆後的情況，而這才驚人的發現到由 KGB 安裝的隱藏式麥克風監聽設備。

有鑒於此，官邸便開始地毯式搜索整棟建築物，然後吃驚的發現屋內竟有高達 30 個小麥克風。這一切的功勞都因貓咪擁有人類無法察覺振幅的敏感聽力，才能再一次揭露人類不可知的機密。

貓咪摩根博物館

荷蘭的小貓館（Kattenkabinet）是一座展示許多迷人貓咪文物的地方，遊客絡繹不絕。博物館是一棟十七世紀的老房子，入口處的上方中央有一個黑貓的小盾牌，十分醒目，經過的遊客都會在此駐足。

這間博物館是由金融家兼收藏家梅傑（Bob Meijer）在1990年成立，以紀念他那一隻頑固的橘花貓摩根（John Pierpont Morgan），展覽的藝術收藏品都是摩根十七年陪伴（從1966年至1983年）期間，每隔五年間所收到的一些與貓相關的禮物，像是繪畫、雕塑、陶瓷與其他奇奇怪怪的作品。

摩根五歲的生日，收到畫家桑德柏格（Ansèl Sanberg）為他畫的一幅永垂不朽肖像畫。十歲生日是由摩根當任模特兒的一座銅製雕像，不過很不幸的後來被偷了。

十五歲生日，是以摩根之名創作的五十首詩，詩集名為《A Cocky Cat from Tolousse and Other Cat Nonsense》。此外，地下藝術家 Acé 把一元美金紙鈔的華盛頓肖像換成摩根，並且在某幾版的複製品中把原本紙鈔的上「我們信仰上帝」，改成警語：「慎勿信狗」。

這些藝術品在博物館的一樓展示，而二樓是梅傑與貓咪有關的收藏，分成五個廳，其中展示的畫作或素描有來自畢卡索、莫內、林布蘭、羅得列克與其他許多藝術家的作品。

另外，肖像、海報與明信片也全都是出自名人之手，而這也足以欣賞到幾個世紀以來，貓在藝術文化中扮演的角色。雕

小貓館是富人為自己一隻特別的貓咪——摩根所設立的博物館,是世界最好玩的貓咪博物館之一。

塑的展廳花樣百出,每個角落是用最精緻的形式來裝潢,有復古風的扶手椅、厚重窗簾、木雕花邊,而且每處都有貓的形像。不過,歸根結柢,這裡就是貓咪的住所。

　　荷蘭,「沒錯,是貓的國度」,所以在大眾運輸、地鐵站、商店或一般咖啡廳等遇到貓並不奇怪。荷蘭與貓咪的情誼已經有好幾世紀了,以前猖狂的鼠疫危及城市時,市民十分感謝貓咪能一起並肩作戰。因此,一夕之間,大家開始搶著養貓,相關藝術品也跟著水漲船高,如此才獲得不朽的美名。

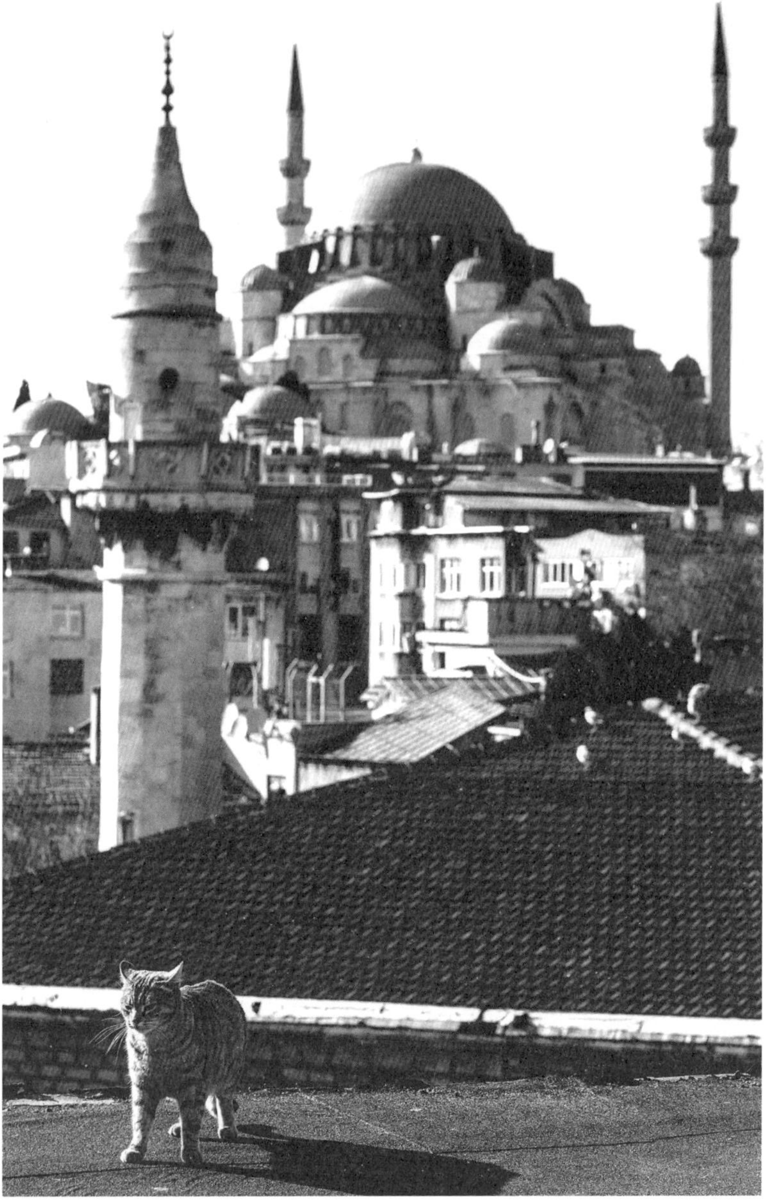

8
在伊斯坦堡海峽中
尋找阿拉的神蹟

「正如每個養貓人所知，沒人真的擁有一隻貓。」
——艾倫‧佩里‧伯克利（Ellen Perry Berkeley）

　　倘若有一個夢幻的城市，位於兩塊大陸交接之處，是各種文化、信仰、豪情熱血的交匯之地，那必然指的是伊斯坦堡。這座城市汲取著海水的浪花，敞開雙臂迎接南來北往的行旅，貫穿源遠流長的過去，邁向今日與未來。六千年的歷史，不僅曾是四個帝國的首都，而且也是基督教宗主教區，以及伊斯蘭教最高領袖哈里發的所在地，可說是一個關鍵據點。不過，如果要說當地最為爭寵之物，那必然是貓。

　　在這一塊歷史悠久的土地上，有句諺語：「奪走貓命的人應造清真寺祈求神的寬恕。」這句話已揭示貓咪在這座古都的先賦地位。

　　這一座古君士坦丁堡有著一千五百多萬的人口，而貓咪的數量應有十五萬隻。換句話說，在伊斯坦堡約有十分之一的居

民都有養貓。

不過,為何在古老拜占庭有那麼多貓?最根本的原因是伊斯坦堡是一個吞吐商隊船隻往來不計其數的城市,因為每艘船為了防止物資受老鼠咬毀,必會養貓滅鼠。只不過貓咪獵奇的本能會對帆船外的生活感到好奇,如此一來,無數的貓咪跑到城市中冒險,並永遠留在這片土地上。

其後,鄂圖曼土耳其人發明了第一個污水處理系統,這裡更是展現出貓咪捕抓地底老鼠的功力。

此外,貓咪神聖不容質疑的地位也是受到穆罕默德的影響。那一段傳說跟佛陀與貓的故事類似,米埃扎（Muezza）是先知疼愛的貓,並且在伊斯蘭史上占有特殊的地位。

據說,一日,當穆罕默德做完晨禱要起身時,發現到米埃扎酣睡在他的袍袖上,先知並不趕貓,而是輕輕割斷衣袖,好讓貓咪能夠安穩的沉睡其上。當他再次到清真寺時,米埃扎十分恭敬的向穆罕默德行禮,而先知撫摸貓咪的頭以表示回禮。傳說中,米埃扎是一隻純白的貓,雙瞳是不同顏色,一藍一棕。模樣就跟獨特的土耳其安哥拉貓相似,只是虹膜異色。

在穆罕默德的教誨中,禁止虐待、殺害貓隻,而這正符合幾則聖訓所述,伊斯蘭教的故事中先知的言行亦如是。先知的同伴阿布・胡萊拉（Abū Hurayra）,其名意思為「貓之父」,他明確表示聽過穆罕默德說過:「一名女子因讓貓渴死而下地獄。」

胡萊拉的貓曾救過先知免於毒蛇咬傷,這讓穆罕默德十分疼愛貓咪,祝願所有貓咪安好。據說,貓咪頭上的條紋是先知

手的印記,因此土耳其的穆斯林把純白、瞳膜異色的貓視為「阿拉贈禮」或「阿拉之物」,而貓咪一出生額頭上的條紋印記就稱為「阿拉之印」。

所以,在伊斯坦堡看到貓咪在午後陽臺上輕舔茶水,不斷聊天喵喵叫,然後到清真寺中漫步等,這些事一點都不奇怪,因為在此,貓咪擁有所有人羨慕的特權。

貓的特權

在這裡的貓咪享有許多特權:

- 能蹲守在熱鬧的市集中,鮮魚與誘人美食皆可成為其喜愛的獵物。
- 能任性躺在車頂上曬太陽,享受日光而不必擔心驅趕。
- 能蜷縮在任何偶遇的幸運兒腿上,安然午睡至香甜酣暢為止。
- 能自由進出博物館,免費徜徉在史上鼎鼎有名的大師名作中。
- 能不預約與消費,就可盤踞在餐廳任何一張椅子上,在此的消費者要禮讓,並耐心等候。
- 能威風凜凜地躺在吧台上,以古老神靈的冷漠之姿凝視著黑夜的喧囂。
- 能自由進出任何人的住家,家中任何一處都該備有貓的棲息之處。
- 自 2009 年開始,土耳其政府頒佈法令,保護貓咪不受虐待且飲食無虞。

不過，這些是屬於誰的貓？答案很簡單：無。因為既是每一個人的，同時也不屬於任何人。每一隻貓咪在城市裡都能找到自己的地方，完全適合自己個性的環境，所有的街角巷弄都不會遭受驅趕，任何寒冷的夜晚都找得到食物與避風港。

　　貓咪才是街區真正的主人，每一隻貓都有好幾個忠僕照料。由於伊斯坦堡的平均收入較高，這座城市擁有全世界每平方公里寵物店最多的紀錄。

　　湯彼利（Tombili）是伊斯坦堡最有名的貓咪之一，其名在土耳其語的意思是「豐滿」。在他十一年的生命歲月中，貓咪用自己獨特的個性獲得居民的偏愛。湯彼利特別討人喜歡，像居民一樣自由自在，沒有主人。而且由於市民的鍾愛，湯彼利前往喵星球後，伊斯坦堡決定要在街上設立一個座位表達感念。

湯彼利一天大半的時光都懶洋洋地賴在他最愛的長椅上，一副漠然生命苦厄的模樣，冷眼旁觀的看著身旁熙熙攘攘的人類朋友。在社群媒體上，幾乎每天都有他的照片與動態，追隨者成倍數的增長。

　　因此，湯彼利的離去在居民心裡留下一個巨大的空洞。城市的寵物與世長辭，再也看不到他挺著大肚肚在那一張他最愛的長椅上休息的模樣。上百個居民連著好幾個禮拜會到那張專屬座位上，獻花表示哀悼。

湯彼利，一隻在街頭流浪十幾年的貓咪，贈予了愛給伊斯坦堡的街區。市民為了永懷這隻可愛的貓咪，在眾人的募款下，製作出貓咪生前最愛擺的姿勢雕像。

為了不要忘記貓咪，市民鄰里認為雕像是紀念這隻討人喜愛的貓咪最好的方式，可以存在好幾個世紀的雕像。大家搜集了約一萬七千份的意願書，然後在10月4號（也是國際動物日）當天為湯彼利的紀念銅像揭幕，讓貓咪可以永遠安息在自己最愛的長椅上，並讓街區與人類朋友都能再次感受到他的魅力。

🐾 貓電影

貓居住在這片陸地上有三千多年的時間，被視為奧斯曼民族的一員，是漁港的常客。甚至伊斯蘭教的經文中也特別指出人類友愛貓咪的事蹟。每一位伊斯坦堡的居民日漸把貓咪視為自己鄰居。土耳其導演賽伊達・多朗（Ceyda Torun）一直住在這座城市到11歲為止，後來她拍攝拜占庭首都裡的貓咪來向這座城市致敬。這是有史以來把貓咪這奇妙生物拍得最美的紀錄片之一。片名為《愛貓之城》（英文片名：Kedi），Kedi 是土耳其語「貓」的意思。紀錄片在全世界大獲成功，也是2017年奧斯卡提名的作品。

多朗與攝影師查利・沃珀曼（Charlie Wuppermann）花了足足兩個月的時間，一頭栽進自己土地上這一處神秘的貓之國度，跟隨貓在寬大遼闊的城市中穿梭。他們的鏡頭並不僅只是紀錄，而是嘗試在貓咪隱秘的路徑中設置攝影機，從貓的視角捕捉畫面。這樣一來，我們才看得見於貓咪朋友目光中欣賞城市的獨特一面。

若貓咪漫步在大樓屋脊廊簷，以及悠閒享受遮陽棚下片刻

寧靜時，便使用無人機來拍攝。貓咪行走的路線往往是人類不曾注意過的隱秘角落，是十分交錯複雜的網絡。同樣的，這部電影也見證了貓咪夜間大無畏的冒險活動，很多貓咪一到晚上就會變成高超的獵人，捕鼠的大師。

紀錄片中有句話：「貓咪是伊斯坦堡的靈魂。」而這部片不僅贏得無數獎座，也征服了所有人的心。儘管這部片的主角是街上的七隻貓咪日復一日的探險，但實際上電影的主題是關於城市裡的居民，國家裡的人民，以及我們之中的每一個人。

紀錄片《愛貓之城》是由一名生於伊斯坦堡的導演拍攝，透過貓咪的視角來展示城市貓咪的重要性。也是 2017 年奧斯卡提名的作品。

導演表示:「跟貓作朋友最棒的事之一,貓咪會以我們能接受的方式,映射出自己。貓咪並不會以人類的方式批判我們。所以,我可以卸下人類慣有的批判視角,而是僅透過貓的眼睛描繪出人性。」

多朗的鏡頭既捕抓到一種乾淨美學,而且也精準的陳述出這七隻可愛小貓的故事。每一隻都有獨特個性,而且也是伊斯坦堡各區的角頭。貓咪由此開始的冒險反映了都會地區充滿魅力的生命力。

布爾薩(Bengü)又稱討人愛,是一隻迷人的母貓。她是工業區中裡好幾隻公貓愛戀的對象。不過,她並非一直都很甜美,只要事關自己一窩幼崽,她就會展現出最原始的野性來對抗異族的侵犯。而她要從火爆性情中展露出溫柔的一面,通常是在享受被順毛的時刻。這一隻毛絨絨的大眼虎斑貓就憑著自己甜滋滋的喵喵聲與愛撒嬌的個性,被一位硬漢修車師傅全心全意的照顧著。

阿斯蘭(Aslan parçası)又名獵手,生活在碼頭上一家有名的海鮮餐廳。他的特點是出色的狩獵雷達,驅趕老鼠的技術成為保護生意的盾牌。餐廳老板認為貓咪是無可取代的守護者,就算阿斯蘭大啖店裡的海鮮仍是心懷感激。當貓咪不狩獵時,會躺在海景第一排的位置打盹,做春秋大夢。一名鄰居瞧見,會心一笑道:「貓咪總在告訴我們只要懂得生活,生命是如何美好。而貓就是懂得這麼活。」

神經(Psikopat)又名神經兮兮,是一隻生活在伊斯坦堡旁的薩瑪提亞地區(Samatya)善妒的貓咪,她除了對自己的

領地寸土不讓外，也對自己的另一半進行嚴格的監視。她就像是個女法老王一樣，無所畏懼，所以不僅是其他貓咪，就連流浪狗與路邊攤商都敬她三分。她是漁販的惡夢，因為她對於便宜鯖魚不屑一顧，專挑油脂高的魚類下手。

伊斯坦堡公墓（照片來自 Teresa López Siguero）

杜曼（Duman）住在城裡的高級住宅區，他在街上散步時，那一頭灰髮加上碧眼看起來十分有王者風範。他是一隻貴族貓咪，不懂得乞討食物，若要他為食物付諸行動，也只有在伊斯坦堡的街角上販賣最高檔精緻的佳餚才有可能。他的高姿態讓他從不曾走進店家裡頭，而是僅用爪子優雅的輕輕碰碰玻璃櫥窗，十分文雅的宣告自己的到來。而他享用煙燻雞肉與鹹香羊奶起司的模樣，就像一個上流社會的紈褲子弟在品嚐美食一樣。杜曼現在脖子上載著項圈，所以已經被正式領養了。

　　丹妮茲（Deniz）又名交際王，是當地市場最佳夥伴，與常客與攤商之間保有噓寒問暖的習慣。他天生親切友善的個性，讓他在金碧輝煌的中央市場備受大家的喜愛，他是一隻灰白色的小貓，由於漁販無私的關愛與照料，讓貓咪一點都不怕人。一名攤商斷言：「若你不愛動物，就不懂得愛人。」

　　甘西斯（Gamsiz）又稱大玩偶，是一隻幸福的黑白花貓。他出場自帶氣勢，身懷絕技，十分擅長攀爬到陽台上，以及獵捕入侵的鼠輩。他魅力四射，讓人愛不釋手。他在某個美好的日子裡到達吉漢吉爾（Cihangir）富人區裡的一家麵包店，然後從此把那裡當成自己第二個家。

　　最後是莎麗（Sari），有名的詐欺犯。她是一隻橘白相間的花貓，居住在尊貴的加拉達石塔腳下。在那一座古塔下，除了有新興的設計師在店裡等候大家的光臨外，也有充滿波西米亞風格的咖啡館，以有名的土耳其式熱情歡迎顧客的蒞臨。莎麗憑著感覺來到這座城市，並透過喵喵聲來獲取食物餵養自己與小孩。

貓就坐在伊斯坦堡的大巴扎商鋪中（照片來自 Teresa López Siguero）。

　　《愛貓之城》對貓咪精心設計的拍攝，已經超越紀錄片的類型了，敘事的連結是建立在每一個人的經驗分享上，因此讓電影可以既向神秘貓咪表達真摯的敬意，同時又不過度理想化動物。

　　另外，《愛貓之城》中讓人驚訝的事之一，是在伊斯坦堡中關心與照顧貓咪的男性遠多於女性。尤其是外表特別粗獷的壯漢也能十分細心有愛的照顧貓咪，展現出少見的鐵漢柔情的一面。這部紀錄片在 2016 年 7 月初在美國上映，並在短短兩個禮拜內就達到快三百萬的票房成績，是美國外語紀錄片史上票房第三高的。

《愛貓之城》又被稱為「貓咪版的《大國民》」，電影的內容深刻的描繪出貓咪的情感。對於有過與貓咪這種神秘生物一起生活經驗的人，都可以在其中透過貓咪的眼睛看到孤獨、求生與希望。

　　對於伊斯坦堡的居民而言，貓咪在某些方面體現出比人類更有智慧的一面。這座城裡的貓，似乎就像是上帝的見證，而不是為人類創造出來寵物。無須人類幫助就能生存在世界上，能夠自給自足，因此若貓咪有意願待在我們身旁，必然帶來更大的滿足，因為這是貓咪自己的決定。

　　正由於對貓咪智慧的崇拜與尊重，伊斯坦堡的居民更希望貓咪能自由自在的生活。他們認為把貓關在室內，是會讓貓失去天生的本性。因此，要成為機敏矯捷的貓咪的鏟屎官，也是貓咪不斷依靠本能來尋找會寵溺自己的人，在咕嚕撒嬌時能適時回饋照顧者，然後經過長時間的觀察、評估，做出最小心慎重的選擇。

　　然而，這座城市就如同世界其他的大都會一樣，不斷發展與現代化，一棟棟高聳的摩天大樓劃破天際，當地居民也漸漸對惹人憐愛的貓咪未來感到憂心忡忡，城市若沒有貓咪的蹤跡，貓不再成為城市的象徵，那麼恐怕伊斯坦堡將丟失了自己的靈魂。沒有由貓咪所帶來的獨一無二的生命力，再多五光十色的街區也只是浮誇不實的造作。

這隻貓是由藝術家斯坦恩（Théophile Steinlen）設計的，是今日巴黎的代表形象，不管是T恤、海報、馬克杯，甚至汽車貼膜上都可見到這隻貓。到訪過巴黎的人，家裡沒有這隻貓？

9
Oh, là, là⋯，巴黎夜總會的貓

「上帝創造貓是為了讓人類體驗摸老虎的快感。」
——維克多・雨果（Victor Hugo）

　　柯蕾特（Gabrielle Colette）的筆鋒下，曾寫過一句十分精闢的話：「沒有一隻貓是平凡的⋯⋯」。誠然，在這一串爛漫的字句中，便足以讓我們知道指的是法國，貓咪在這裡是具有魔力的實質統治者。2020 年有統計數字來宣告貓咪的重要：全法國家貓有一千五百萬多隻，其中百分之三十的人認為神秘貓咪是最佳室友。不過，在巴黎仍有五十萬隻的貓咪目光炯炯地在街頭流浪。

　　在巴黎，瑪萊區最受貓咪喜愛，那是一處有貓咪腳印祝福的區域。在二〇年代初期，那裡還是一個勞工社區，貓咪是門房與流動攤商的好友。不過，其後歷經二次世界大戰的磨難後，此處景色變得十分荒涼，鼠輩在此稱王。

　　城市需要貓咪擔起獵鼠大旗，整頓環境。所以，儘管大家在戰後忙著重建工作，但同時也不忘在小公寓的角落為貓咪築

起新窩。在瑪萊區，貓咪所經之地象徵著地方的復甦，爪下捕捉到的是生機，以及周遭鄰里的愛護。

據說，巴黎聖母院附近的拉丁區內，有一條全巴黎最狹窄的巷弄，起源是跟貓咪有關。或許很多條狹小巷弄都與貓有關，畢竟「釣魚貓街」並不罕見。此街的命名，根據十五世紀的傳說所述，源於一位懂得煉金術的教士，以及他養的一隻超會釣魚的黑貓。

那隻黑貓每天都會到塞納河畔，用自己的腳掌僅輕輕一抓，便能準確撈出銀光閃閃的魚兒當作午餐。附近的學生對黑貓的超能力感到十分吃驚，便開始認為貓的能力應與貓的顏色，以及養貓的人有關。這群年輕人經過長期的觀察，最終認定這隻貓必然是魔鬼的化身，認為教士與貓咪是一體的。

一日夕陽西下，年輕人起心動念便殺了釣魚貓，將其丟入河中。與此同時，教士也連著好幾日不見身影，如此一來學生更加肯定自己的推論。不過，幾月過後，大家又十分驚訝的看到煉金師再次出現，並表示自己先前與黑貓外出旅行，而那隻貓咪隨後也一如既往，每天到河畔釣魚。

當然，關於此事也有其他更可信的說法。據說，街中的井水是來自塞納河，所以若魚兒隨著大河流進入此井就會被困住，所以小區裡的貓咪才能如此輕鬆抓到魚。無論如何，釣魚貓街名的存在，再次指明貓咪在巴黎的獨特性。

現在，讓我們來回顧那一段法國陷入好幾世紀的黑暗時期，成為歲月無情審判的沉重墜飾。而那段宿命開啟的關鍵年份是在 1348 年，即黑死病出現在巴黎的那一年。

面對災難,教士與貴族開始尋找浩劫的幫凶,便紛紛找上會法術的女巫。女巫在當時指的是不依靠男性,有治療能力且經濟自主的女性,而且她們通常都養貓。如此一來,女巫很快就成為村民的眼中釘,認為她們以及那一隻隻帶著不祥之氣的貓咪,是傳染病不斷擴大的原因。因此,大家把女巫與貓全都拖進贖罪的火焰之中。暗巷裡的貓咪一隻一隻的消失了,而城中取而代之是無所畏忌的鼠輩四處流竄。最終,這段沉重的往事教訓,也在眾人心中留下不可磨滅的印記,誰都不敢忘記貓咪與城市是禍福與共,密不可分的共同體。

後來,貓咪的生活條件也改善許多,不過最美好的時光應算在十七世紀初,黎希留(Richelieu)當上樞機主教之時,愛貓如命的主教甚至任命貓咪為皇室的特聘顧問。

事實上,黎希留的任命十分大膽,因為在他當上首席紅衣主教之前,雖然巴洛克時代的法國可算十分開明,但大眾仍很迷信,把貓咪視為魔鬼的化身,不僅避之唯恐不及,公開焚貓的情況也十分常見。然而,黎希留卻在自己從事主教期間,一一的打破這些刻板印象。

🐾 路西法,黎希留的貓

根據不同記載,紅衣主教在王宮養了不同品種、花色的貓咪,約十二至二十隻。這位擁有無上權力的領袖十分高傲自滿,表示自己沒有朋友、也不需要朋友,認為他人不是盟友就是敵人。但他卻與每一隻貓咪有深厚的友誼。

所以,他身旁唯一的生物僅有貓咪。他與貓咪一同行走在錯綜複雜的長廊中,生活在充滿歷史氣息的房間裡。

主教離世時,就有十四隻貓咪側身在旁,每一隻貓咪在主教心中都有各自的位置,其中最獨特的可算是路西法,一身黑色皮毛就如同黑夜神秘使者,挑戰著當時人們對黑貓的迷信與恐懼。三順(Soumise)最受疼愛,殘酷盧多維奇(Lodovic-le-Cruel)是無情的捕鼠獵手,而皮拉姆(Pyrame)和提斯貝(Thisbé)是無時無刻都被主教抱在懷中的佳偶。

德洛爾(Charles Édouard Delort)的畫:《黎希留的分神》(約1885年前)。收藏於底特律藝術學院

據坊間流傳，黎希留有一次生病，貓咪爬上他的床以減輕他的苦痛，而很快就病癒的主教，便相信這要歸功於自己的這群朋友，認為貓咪具有治病的能力。

據說黎希留在審理判決那些倒楣鬼時，他是一手撫摸著毛茸茸的貓背，沉醉在貓咪呼嚕聲音之中，一手簽核判決的。外交使者見他對貓一片癡迷，為了贏得他的青睞，常常投其所好贈送給他許多來自殖民地的小貓。因此，隨著殖民地的數量不斷增加，在法國的貓咪品種也越來越多樣化。在黎希留王宮裡居住的貓咪有來自波斯、安哥拉、英國等地。

貓咪為黎希留帶來很多快樂，但也從他身上奪走了可能的未來。傳聞表示他與《三劍客》中的安妮女王愛情未果，就是因為女王對貓毛過敏。每次她只要稍稍接近這位帥氣挺拔的黎希留，就會紅鼻子腫眼睛。兩人密會幾次後，愛火很快就滅了。而主教的愛就留給貓更多一些。

歷史的洪流不斷向前奔騰，每一段故事也朝著結局前進。黎希留不僅是一位創建者與掌權者，他也擁有一個能與貓咪奧秘相連的靈魂。因此，這位主教在臨終前，為貓咪留下一份豐厚的遺產。

黎希留於 1642 年 12 月去世。儘管他生前孤僻，但卻富甲一方，留下了兩千萬法郎的遺產，其中一百萬法郎遺贈給國王。另外，他也確保了自己的貓咪朋友能享有他的房子，終生過著衣食無缺的日子。為了保證萬無一失，他妥善分配好一大筆錢分別給兩人來照顧貓咪。然而，離世就意味著離權失勢，路西法與其他貓咪全被瑞士宮廷衛兵丟進火堆離開了世界。

這些故事也見證了貓咪在過往時代中,並不是歷史舞台上毫無作用的旁觀者,而是能展現出力量與神秘魔力的主角。

🐾 太陽王愛上燦亮時

法國在討人愛的太陽王路易十五世的帶領下,開始實現貓咪國度的偉大夢想。路易王又名「受人愛者」,他在四十四歲的生日時,在如同天空中一顆鑽石耀眼的凡爾賽宮裡收到一份禮物,而這一份大禮將改變貓咪在這一塊夢幻豪奢的土地上的地位。

那份禮物就是一隻脖子上戴著一條鑽石項鍊,看起來十分雍容華貴的白色安哥拉貓。小貓在君王面前表現的十分冷靜與優雅,一下就擄獲了君主的心。路易王立即陷入貓咪的魅力之中,並把貓咪命名為燦亮(Brillant)。自此,燦亮就成為天選之貓,過著受到無限寵愛的生活。首先,燦亮擁有每日早晨第一個進入君主寢室的特權。

此外,像君王要參與國家事務的皇家例行公事時,也要隨從將燦亮帶入成為同僚後才能開始會議。而在議論國家大事時,國王會逗著貓玩以來顯示他在一層不變的政治會議中如同夢幻般的存在。

路易君王因燦亮的關係,頒布法令禁止在夏至聖約翰節時把貓丟進篝火裡,而這的確為法國鋪展開一條友善貓咪的未來道路。

日子來到西元 1700 年,巴黎是當時啟蒙運動的發源地,

許多知識分子在此發起了許多辯論、抗爭活動。學術界幾乎把每件事都來討論，像是貓的好、壞也成為爭論的焦點。

蒙克里夫（Moncrif）是個十分愛貓的演員、音樂家與浪蕩子，他曾與偏愛狗的自然學家布馮（Buffon）有過一段辯論。蒙克里夫宣稱貓咪復興時刻已經到來，世界會如彌賽亞所示一般。這一天即將到來，舞池、人行道或學校都是貓的地盤。貓咪將擁有崇高的象徵地位，受到權貴的追捧。

約 1761 年，巴舍利耶（Jean-Jacques Bachelier）繪製的《追蝴蝶的安哥拉白貓》。藏於凡爾賽宮中的蘭比內（Lambinet）博物館

在1727年，蒙克里夫把這些預言寫成《貓史》，該書詳盡爬梳數千年來的貓咪歷史，十分受到大眾的歡迎。然而，有一次他在校園介紹此書時，有人故意把一隻貓放進演講廳，讓大家都不禁發出嘻笑與嘲諷的聲音。手足無措的蒙克里夫覺得自己深深的被羞辱了，不過之後當路易國王為他鼓掌時，他的憤怒之情也很快變成了勝利的驕傲。

顯然，這場貓狗意見大戰中，太陽王是站在蒙克里夫這邊的，而君王對貓咪的喜愛也感染了整個社會。正如音樂家所預言的那樣，貴族跪在國王與貓咪面前。法國人的心一點一滴的被貓咪融化，並在接下來的幾個世紀裡，巴黎人全都不可自拔的深陷在貓咪的魅力之中。

米賽朵，一隻教皇貓咪

法國大革命後，十九世紀的法國在藝術創作上的狂熱表現，以及在政治上宰制歐洲與世界其他地區的高漲欲望，已揭示了法國將掀起另一場革命的預告。當然，貓在那段歷史中一樣扮演重要的角色。

夏多布里昂（François-René de Chateaubriand）是十九世紀第一位偉大的浪漫作家。他在《墓畔回憶錄》描繪他與米賽朵（Micetto）的關係，讓這一隻有著黑色條紋的灰紅色大花貓成為了不朽的傳奇。

米賽朵出生於梵蒂岡，生活於教宗良十二世的照應中，是在教宗去世之後，貓咪才轉贈到作家手中。米賽朵出生於1825

年的拉斐爾工作室,十分受到教宗的寵愛,這也是貓咪成為傳說的起源。作家十分欣賞貓咪個性上的獨立自主,而且不管是高級沙龍還是下水道,都能擺出同樣冷漠的態度。

貓咪的魅力橫掃作家、藝術家與知識分子,並給予法國詩人創作的靈感。

二十世紀,巴黎成為貓咪的國度,就連曾經備受忽視的黑貓也因蒙馬特的「黑貓俱樂部(Le Chat Noir)」的海報,讓黑貓咪成了這座城市的經典象徵。

🐾 黑貓夜總會:蒙馬特的貓咪

巴黎,這麼一座光鮮亮麗的城市,貓咪的魅力所向無敵。巴黎最具代表性的地標,除了坦然自若的巴黎鐵塔,十九世紀末開張的巴黎咖啡廳,當然還有黑貓夜總會。

倘若想知道為什麼在聖心堂的塞納河畔會出現這隻黑貓,那麼我們就須深入這一間開設在蒙馬特的羅什舒阿爾(Rochechouart)大道84號的夜總會。黑貓夜總會的老板是薩利斯(Rodolfo Salís)與詩人古杜(Emile Goudot),兩人聯手打造出這間匯聚了音樂家、文學家與各種表現形式的藝術家的聚會場所,一代知識份子能在此創造、驚嘆與享受人生。當然,他們必然也會用尖酸刻薄的話語來批評巴黎的政治、社會。不過,此處現今只剩一塊紀念牌,向以往輝煌的日子致敬。

關於黑貓夜總會的名字由來,有一說法是在向愛倫坡的小說《黑貓》致敬。不過,也有另一個相當浪漫的說法,傳聞一

日薩利斯在監工時,他發現路燈的燈罩上有一隻又瘦又髒的黑貓在盯著他,樣子看起來既嚴肅又傲慢。然後,他進屋後,貓咪跟了上來,就像要他付點食物當過路費。日復一日,貓咪也逐漸成為夜總會的吉祥物、繆斯和象徵。

位於克利希(Clichy)大道上的黑貓夜總會。1929 年,巴黎。

薩利斯堅信黑貓是詩人的知音,帶有讓人無法捉摸的創造能力。另外,有人認為選用此名是跟馬內(Manet)於1869年《貓》(Les Chats)中,那兩隻在蒙馬特屋頂上徘徊的貓有關。

　黑貓夜總會位於街角,前身是一間小郵局,面積只有14平方公尺,屋內有一間寒酸的儲藏室,令人較印象深刻的是入口處的守衛,他是一個穿著金邊制服的瑞士人,會在門口歡迎藝術家和知識分子,並阻擋神職人員、軍人與資本家進入。

此海報(1909年)是斯坦恩(Théophile-Alexandre Steinlen)為動物藝術家的展覽設計的。

由於當時歌舞表演日益流行，黑貓夜總會在1885年搬到維克多馬塞（Victor-Massé）街12號。他們把一間街角的舊樓房改成夜總會，外觀看上去就像任何愛貓人士都必然會愛上的地方。

12號的夜總會牆面在畫家威利特（Willet）的《貓與聖母》旁，有好幾幅不同貓咪模樣的作品。像有一幅畫是一隻劍拔弩張的黑貓在牆邊向一隻白鵝示威。大家認為這是在暗指當時的保守資產階級感受到自身受到知識分子自由思想的威脅。

薩利斯為了要讓夜總會的歌舞表演廣為人知，他用「黑貓」名稱創辦了一份諷刺時事的文學雜周刊，還委託藝術家斯坦恩（Théophile Steinlen）設計商標，也就是今日在T恤、明信片與馬克杯等隨處可見到的黑貓標誌。而斯坦恩也因此贏得了「貓之父」的別稱。如今，此地已是一間飯店，而若在法國提到「黑貓夜總會」，大家想到的是一個有名餅乾品牌。一切都已時移世易。

離巴黎100公里的瓦盧瓦地區（Valois）有一座很宏偉的城堡，名叫皮耶楓堡（Pierrefonds Castle），是由拿破崙二世買下，負責內部裝修的建築師十分熱愛貓咪與新潮藝術，所以堡內的窗戶、天窗和柱子等各處都有貓咪的雕刻，共有36個，十分值得花時間蒐羅城堡內貓咪各種不同姿態與表情。事實上，歌德式建築特色中，用動物模樣裝飾屋簷的靈感就是來自貓，因為貓咪帶有的神秘力量也讓歌德式建築像染上了魔力一樣。此外，此處也是《聖女貞德》、《時空英豪》與《鐵面人》等電影與連續劇拍攝的取景地點。就連歌手麥可傑克森

（Michael Jackson）也鍾情於這座城堡，差點就買下來了。

巴黎另一個代表性的名字是大仲馬，他不僅是受人愛戴的作家，同時也是動物愛好者：有十四隻狗、三隻猴子與許多稀奇的鳥類。後來，有人送給作家一隻貓，他把貓命名為麥蘇夫（Mysouff），與他兒時養過的貓咪同一個名字。而在貓咪來了之後，發生一場騷動，讓猴子與鳥兒不再能和平的共處一室。

作家當然十分歡迎貓的到來，但他也有點擔心貓會對鳥造成危險。最終，事故還是發生了。一日，大家發現三隻猴子不在籠子裡，而且鳥籠是打開的狀態，而當時麥蘇夫正舔著自己的嘴巴。大仲馬認為這件事得速判速決，所以他辦了一場聽證會，看看小貓的未來該何去何從。

作家的好幾個朋友到了基督山，擔任起法官、檢察官與辯護律師等不同角色，而由於辯護律師證明籠子非貓咪打開的，所以貓咪免於死刑的判處。不過，餘生都要與三隻猴子一起關在城堡中。一直到大仲馬準備搬離開，才終於選擇原諒貓咪，還他自由。

🐾 全世界第一座動物墓園

1898 年紐約流行的貓咪博覽會也隨著 1913 年成立的貓咪俱樂部（Cat Club）傳到了巴黎。愛貓風潮勢不可擋，而當時熱愛動物的協會已經為犬隻成立墓園，位於一個叫塞納河畔阿涅爾（Asnières-sur-Seine）的城鎮，離市中心二十五分鐘路程的郊區。

那座墓園是首座專門埋葬寵物的地方。無庸置疑，是歐洲古老的動物墓園。創立者是當時的女權主義記者杜蘭德（Marguerite Durand）與哈努瓦（Georges Harnois），由兩人在 1899 年開設的法國貓狗墓園公司。

兩人在城鎮上買下一塊島嶼，將其改造成自己心目中的香格里拉。事實上，墓園裡埋有各種寵物，像杜蘭德把自己那匹名為格里布耶的馬（Gribouille）埋葬在那裡。另外，曾和主人一起登上了《女性》（Fémina）雜誌封面的母獅（名叫老虎），此處也是她的長眠之處。

塞納河畔阿涅爾鎮中的動物墓園，除了是著名的明星狗任丁丁與大仲馬的貓麥蘇夫的安息地外，當然也是許多無名貓咪最終的歸屬，與人類一樣再也無後顧之憂。

1987 年，這處墓園被列為古蹟。入口處的大門是由珀蒂（Eugène Petit）設計的新藝術風格，園內雕塑的五種動物（狗、貓、馬、猴子與長尾小鸚鵡）是出自藝術家卡斯柏（Arnaud Kasper）之手，代表著歡迎我們來到這一個巴別塔空間的墓地。

　　許多動物的墓碑就座落在枝繁葉茂的樹木、花叢之間，漫步其中便會看到每一塊墓碑都是人類對寵物的真愛宣言，各種動物都能與人類建立真正的連結。參觀這座墓園就像進入了動物主人的情感世界之中。

　　此外，在第一次世界大戰中被美國士兵收養的明星狗任丁丁，也安葬於此。這隻影視圈的狗英雄在 1932 年於洛杉磯去世後，然後輾轉被送往此處，只要根據園內地圖指引就可以找到他的墓碑。

　　或許，大仲馬的麥蘇夫，以及其他有名的動物會吸引旅客到此一遊。但若從每一塊墓碑上的球、鮮花、玩具與雕像，便可以發現徘徊駐留此處的，其實更多的是人類的愛，希望把寵物永遠銘記在心的主人。

　　此外，墓園上也不僅只有離世的動物。園子的後方，有一棟名為「貓屋」的小房子，裡頭自由自在、無憂無慮的貓咪，都是由協會負責照顧的。

🐾 往返星際的費莉塞特

倘若要為選出巴黎貓咪界的傑出代表,費莉塞特(Félicette)必然是不二貓選。費莉塞特身為一隻美麗的流浪貓小姐,卻能成為第一隻從太空活著返回來喵喵叫的動物。

事實上,那趟太空之旅程只有短短十三分鐘,不過必然已是終生難忘之事了。費莉塞特是寵物店從街上撿到的一隻黑白花貓,後來又與其他十四隻貓被賣給法國政府進行太空訓練。

費莉塞特雀屏中選登上太空的原因,除了因為在 1963 年 10 月 18 日發射當天,其他的貓咪體重都過重外,也是因為她

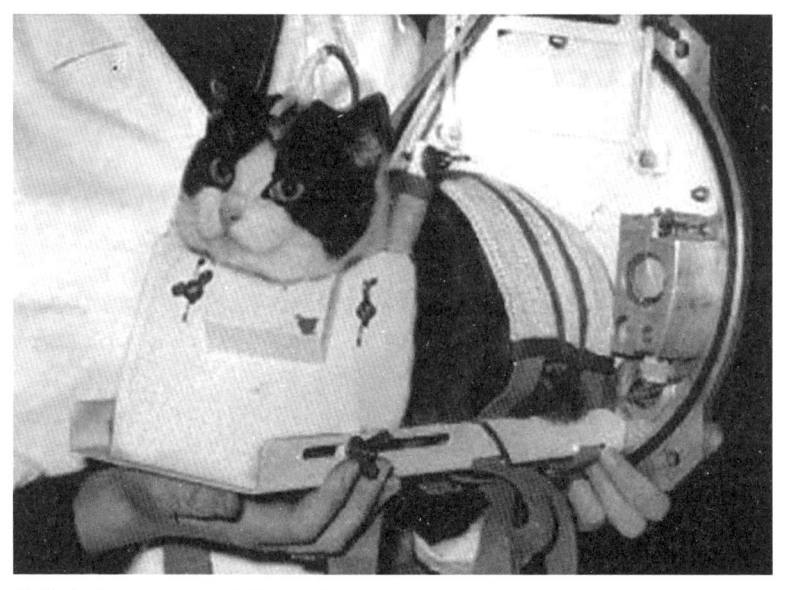

費莉塞特,不僅是美麗的流浪貓,也是第一隻活著從太空回來喵喵叫的動物。

的性格十分沉穩。探測火箭於阿爾及利亞發射升空，此次升空任務是次軌道太空飛行，並且火箭高度達到 152 公里時，費莉塞特要成功克服五分鐘的失重狀態。然後，她就搭著從火箭中彈出的太空艙返回陸地，過程中降落傘也確實打開，讓她安全完成這趟旅程。

然而，儘管貓咪安全返回地球，但費莉塞特卻被實施安樂死，以便科學家研究太空旅行對貓咪大腦的影響。

1997 年，大家為了要紀念動物太空實驗的功勞，便把費莉塞特與其他一樣也去過太空的動物模樣印在郵票上。然而，由於某幾個國家行事草率，竟把她的名字寫成男性的菲利克斯（Felix）印在紀念郵票上，全然抹去這位太空女英雄的存在。

2017 年，有人發起為費莉塞特立紀念雕像的募款活動。所以，目前在法國的聖特拉斯堡（Estrasburgo）的國際太空大學（ISU）的大廳裡，那一隻勇敢坐在地球儀上眺望的 1.5 尺高的貓咪雕塑，就是募資 5 萬歐元製作的。

舒佩特：時尚圈的雅典娜

最後告別巴黎前，必然要談談巴黎的時尚圈，而且怎麼可能不提到這麼一隻獨一無二、錦衣玉食的時尚金童，舒佩特（Choupette）。舒佩特是一隻伯曼貓，並且繼承香奈兒設計大師拉格斐（Karl Lagerfeld）在世所留下的所有遺產。

拉格斐又稱老佛爺，某一年的聖誕節幫忙自己的情人兼模特兒——賈畢尼（Baptist Giabiconi）照顧舒佩特之後，貓咪

不僅就永遠留在大師懷中,而且再也不是隻普通的動物。她搖身一變成為時尚精品的象徵,是優雅前衛於時尚圈中寧靜卻耀眼的燈塔。

時尚皇帝與舒佩特組成了一對充滿愛意的伴侶,彼此濃情蜜意,牢不可破。舒佩特用銀製餐具吃飯,用路易威登(Louis Vuitton)的包旅行,而高雅德(Goyard)的包是用來裝她那把銀製的梳毛刷。

在老佛爺獨特的宇宙觀中,他把這隻毛茸茸的白貓當成他的繆思,是他時裝創作中源源不絕的靈感來源,像是 Choupette in Love 系列,與香奈兒中貓眼系列等別具巧思的設計,都是受到舒佩特的啟發。

老佛爺的貓,舒佩特(Choupette)繼承了人類豪奢的生活,以及傳聞中的 2 億歐元的遺產。她應是今日最具影響力的貓咪,照料她的生活大小事的,是包含一名廚師在內的 5 個工作人員。圖片來自 2017 年舒佩特 Instagram 上的貼文。

受盡寵愛與偏愛的舒佩特，日常生活就是跟著主人一起享受奢華的排場。旅行乘坐私人飛機，享用裝在精緻瓷器的美味餐點，生活大小事都擁有皇室般的照料。為了讓舒佩特成為精緻品味的標竿，拉格斐用貓咪的名字建立品牌，推出一系奢華配飾，以此彰顯舒佩特對時尚界的巨大影響力。

舒佩特為老佛爺注入表達奢華時尚的熱愛與追求。她深邃的藍眼睛，如同孕育生機的海洋，不僅透出貓的智慧，還為高級服飾界融入了活力。每一聲喵喵叫都成為大師獨特作品的開始，每一次的咕嚕聲都讓針線歡愉的交織在一起。2014 年，舒佩特的同名品牌營業額為 300 萬歐元，賺的就跟一個名人一樣多。她的隨扈就有兩名護理師、一名獸醫、一名廚師與一名保鑣。老佛爺曾說過，這個毛茸茸的朋友就像畫作《宮女》（*Las Meninas*）中被僕人包圍的瑪格麗特公主。

舒佩特的出現就是焦點，她的存在成為時尚圈膜拜的對象。然而，即使生活在這種聲名狼藉的拜金圈中，舒佩特仍然保留自身的本質。她最愛貓抓板，喜歡沐浴在透過窗簾灑落的陽光中，以及頑皮的胡鬧仍然是日常生活中例行活動。

老佛爺於 2019 年 2 月離開人世，告別了這個紙醉金迷的世界，並把他一世天才的菁華，以及 2 億多的遺產都留給了舒佩特。因此，就算這名天才設計師已經離開人間，但勳業永在，因為優雅的貓仍不斷的把藝術與創意編織在世界之中。每一次伸展台上模特兒踏出的貓步，便已讓貓咪優雅的熱潮在高級時裝史上留下不滅的足跡。

銀塔是羅馬城中的一個廣場,位於戰神廣場(Campo de Marte)區中的一個,為四座羅馬神廟與龐貝城劇院的遺跡。並且貓咪收容所也設在此地。

10
永恆之城裡的貓

「漫漫長夜，與兩隻貓在地毯上玩我便心滿意足。」
　　　　　　　　　　　——安娜‧麥蘭妮（Anna Magnani）

　　印記在過往的迴響中浮現，召喚我們發現賽普勒斯（Chipre）土地上的一個神秘之地，一具約葬於公元前8300年至8000年的棺木，裡面的人類骨骸旁，泰然躺著一具貓的屍骨。

　　公元500年前使用的古錢幣上，揭露了貓與義大利這一片土地的緊密連結。尤其是義大利國土起源處：塔蘭托（Taranto）與卡拉布里亞（Reggio Calabria），都與高深莫測的貓咪有著密不可分的關係。

　　對當代而言，羅馬時代裡對「貓」的稱呼是：Felicula、Felicla、Cattus、Cattulus等字，其實已從其低喃的發音方式，道盡了貓這種動物神秘優雅的本質。

　　古羅馬帝國時期，貓的地位十分崇高，是勝利的象徵，所以有很多羅馬軍團的旗幟上都飄揚著貓的身姿，各色貓毛也如同人類膚色的多彩，十分能夠代表一支軍隊狡黠多變的特質。

自 1929 年起,許多貓會落腳在銀塔廣場,此處能作為貓咪收容所,是由演員與愛貓人士(當地人與外國人皆有)的支援與贊助。

　　這就是為何當時羅馬作為世界之都,還立起廟宇紀念人與貓的友誼,在格拉齊奧利宮(Palazzo Grazioli)內的一尊貓咪雕像,守衛羅馬勝利的真相,讓過往不為人知的秘密永遠封印於此。相同的場景也發在阿文提諾山上蓋「利伯塔思(Libertas)」女神廟時,執政者的格拉古(Tiberio Graco)下令要在那位大展雙翼的女神腳下放上一隻貓,以貓作為獨立與探索未知的無聲見證。

　　貓咪守護著羅馬亙古至今的歷史秘密,是城市勝利的象徵,生命旅途的伙伴,並在此烙印下永恆。

🐾 羅馬中心的貓跡

貓咪的紀念碑已遭受無情火焰吞噬,但羅馬並沒有漠然置之,而是在灰燼的原址上蓋了第一棟富麗堂皇的公共圖書館。而利伯塔思女神像所激起的創造靈感,也傳播到遙遠的國度,搖身一變成為一座一手高舉著火炬,目光俯瞰大地的自由女神。可見,女神與她的貓朋友對世界影響深遠,讓各地一同團結捍衛自由。

羅馬用一句十分有智慧的話來描繪貓的尊貴:「無業自由(Libertas sine Labore)」。此話精準體現貓咪性格中的自主與獨立。由於這些意象,貓咪能夠以時間王者的姿態,漫步於古蹟遺址上。在羅馬,不管是墓園還是雄偉的羅馬競技場,貓咪不僅是最道地的居民,也是城市裡的顯眼角色。

羅馬,歷史餘韻悠長之地,在公元前或許此地是凱撒大帝被眾叛親離倒下身亡之處,但此時刻此刻戰神廣場的銀塔神殿最引人注目的,或許是「貓女士」的百折不撓。尤其是女歌手薇薇安妮(Silvia Viviani)的「貓女」行為,一直恪守著人類歷史的承諾,不斷來到廢墟為尋找家園的流浪貓咪打造棲身地。

市府一直試圖改寫廢墟的歷史,抵制遺址成為貓咪的收容處,這激起地方民眾的反彈,大家口徑一致發表聲明支持貓咪的居住權。有近 13 萬封的電子郵件齊聲呼籲羅馬有照顧貓咪生活的義務。此外,護貓聯盟在此地的紀念歷史遺址中心發起各項活動。

貓在羅馬競技場的遺址上。

如此一來，貓咪從 1929 年後便安心落戶於羅馬古蹟與龐貝劇院的遺跡銀塔廣場上。

🐾 只有貓可以居住的古羅馬廣場遺址

掌管古蹟遺址的貓咪十分冷漠，一點也不在意腳下踩著石塊曾有過的輝煌歷史。在石塊與陰影建構出的王國裡，過往的龐貝教廷現已是貓咪生活的空間，一處時光永恆停滯之處。

遊客每當看到遺跡上的貓群個個身姿優雅尊貴，總是不敢置信，然後會紛紛進到「紀念品」店購買一些保留這段回憶的相關商品。此處的貓咪不像流浪貓，因為「收容所」不僅只是貓咪的生活空間，還有獸醫、護理師會細心呵護照料。

事實上，在羅馬仍有許多溫順又茫然的貓咪在街頭尋找棲息之處。在這一座溫暖又有熱情的城市中，盤據在古蹟遺址，活在兩千年前鑄造的遺跡之中的，僅約 680 隻貓（佔城市中約 180,000 隻貓的一小部分）。

🐾 「貓女」代表麥蘭妮

帶有神秘色彩的貓咪很招名人的喜愛，其中麥蘭妮（Anna Magnani）是最具代表性的「貓女」。

女星的好友齊費里尼（Franco Zeffirelli）曾說過，這位天后用絲巾蒙著臉，提著一籃子的貓糧在城中穿梭，且若遇到指責她護貓行動的人，也會勇敢挺身對抗。例如，有一次，一

個不喜歡貓的男子譴責她的所作所為，可是當她取下臉上的絲巾，無畏的盯著這位眼睛火冒三丈的男人時，男子一發現「貓女」是麥蘭妮，看著她身上散發出比螢幕上更加動人的光芒，讓他頓時語塞。

女星談過自己做過「七貓巡禮」，這是她對傳統進行朝聖七座老教堂的戲語，因為她真正拜訪的是七處貓咪的領地。那七堂巡禮是由聖斐理伯內利（St. Philip Neri）在1540年建立

演員麥蘭妮（Anna Magnani）是很棒的「貓女」，她晚上在街上餵食貓咪時，會蒙著臉，以免引起騷動。

起的傳統，但麥蘭妮與她的夥伴在首都街頭探訪七處貓咪的棲息地，每回都帶著滿滿的伴手禮與毛朋友見面。

麥蘭妮很堅定的表示：「比起熱鬧，我更喜歡獨處。漫漫長夜，只要與兩隻貓在地毯上玩，便心滿意足。」然而，她並不孤單。演員克拉斯特（Antonio Crast）也同為貓咪守衛員，為了存放毛朋友的糧草，他用盡方法取得一間地下室的房間。

八〇年代，新生代的女演員斯托皮（Franca Stoppi）也是護貓的一份子，她努力為貓咪實施結紮手術，這項艱難的任務在獸醫巴爾迪（Stefano Baldi）的支持下完成，與此同時，她也散盡家財，身心交瘁。

1993 年，維維安妮、斯托皮與德圭爾（Lia Dequel）聯手進行貓咪數量普查，調查出遺址上共有 550 隻貓。兩年後，一位愛護動物的英國女士伸出援手，她不僅提供資源與建議，也為「貓女」鬥士注入了一劑強心針。而「貓女」會與這名女士相識，主要是因為收容所與遺跡在同一個位置，也就是說已揭露遊客是潛在的捐款來源。因此，只要大膽向觀光客尋求支持，支援就來了。

這名英國人是英國大使夫人，她為了改善當地貓咪的生活環境，舉辦了一場 500 人的晚宴，把攢湊的資金用於對貓群的結紮手術、疫苗接種與投藥驅蟲。羅馬議會也共襄盛舉，支援自來水與電力。

今日，位於銀塔廣場的收容所已成為指引貓咪的明燈，不僅減少附近街區流浪貓的數量，而且連外圍地區也明顯改善。建立起的領養系統成效斐然，除了可以把貓咪帶回家收養外，

在羅馬的卡比托利歐博物館中,一隻貓咪躺在君士坦丁大帝雕像的腳上休息。

也能夠在平臺上認養資助。如此一來,遺址上漫步的貓咪仍可以在收養的形式下,堅貞不移的守護住這處殘垣斷壁。

　　2001 年,羅馬在歷史上寫下了新的篇章,此地的貓咪被認定為城市生態文化遺產。每一隻貓咪,不管是在雄偉羅馬競技場下的陰影處,或是在古羅馬廣場的石堆上,都是代表著與城市一起細數往日與邁向未來的大使。

　　事到如今,儘管羅馬官員心中有千萬個不願,也別無選擇只能屈服。古老的羅馬有一條律法規定:街頭有鬍子的皆有權留在出生地。因此,貓咪是羅馬的公民,而且在貓咪被視為城市的文化遺產之後,保障貓咪的尊嚴與健康生活是所有公民的責任。

🐾 神聖靈魂與古靈精怪的貓

羅馬的鵝卵石道上,漫溢著聖人與貓的故事,訴說著一章章由神聖靈魂與古靈精怪的貓共同譜出的和諧樂章。內里是這座永恆之城的使徒,他是個極度富有同情心與幽默感的聖人,而且他有一隻名為紅貓的貓友,而這隻貓就如同所有具洞察力的貓一樣,知道內里的所有秘密。

內里會帶著紅貓參加傳教活動,共同進行聖人的艱鉅任務,一同向悔罪者傳授謙卑的教訓。內里與貓的合作聯盟,已在神、人之間協商出一種獨特緊密聯繫,無法切割。就算接見樞機主教,或回應其他羅馬貴族的諮詢時,貓咪也不曾離開過在他的腿。

波蘭有個城市叫克拉科夫(Cracovia),那裡有一隻貓咪也與羅馬有關係。事實上,克拉科夫是嘉祿・沃伊蒂瓦(Karol Wojtyła)主教的教區,也就是若望保祿二世(Pope John Paul II)成為教皇前服務的地區。沃伊蒂瓦主教是個十分感性的人,他的一段軼事十分能體現出他多麼看重動物與人類的連結。事情就發生在教宗選舉的時候,當時他正要趕赴秘密會議——選定若望保祿一世的繼承者,而正當他出門時卻與一位老嫗擦身而過,婦人的心灰意亂拉住了他的步伐。

老婦到教會尋求協助,因為她的鄰居要抓走陪伴她的貓咪,留下一屋的空洞給她。儘管沃伊蒂瓦主教當時應趕緊參加會議,但他還是毫不猶豫伸出援手,向婦人遞上溫暖,請她搭車一同前往所居住的社區。透過他無比真誠的言語,以及殷切

的姿態,最終說服鄰居把貓還給了婦女。隨後,他才趕往機場及時登機。這件軼事是主教對自己牧羊教區的告別之禮,是他繼承若望保祿二世之名前,他以沃伊蒂瓦之名的最後一次傳教行動。其後,他就帶著自己的貓到梵蒂岡上任成為教宗了。

貓在羅馬大街上被餵食

🐾 在書扉與羅馬陽台之間的貓

《羅馬的貓》一書長期熱銷,實證羅馬可愛小貓的無窮魅力。這本小說由動保社運人士奇琳娜(Monica Cirinnà),以及貓咪故事寫手賈洛尼(Lilli Garrone)聯手創作,書中講述了羅馬漫長歷史中與貓咪有關的好玩故事與傳說。

此書相當值得翻閱,因為書中介紹了在塔奎尼亞與伊特拉斯坎等區的古老棺木中貓咪的不朽傳說。另外,也講談到了盧裡奧(Lulio)的故事,他是一隻徘徊於奧古斯都議事廣場的貓,展現對此廣場無限的好奇心。

阿爾維蒂(Rafael Alberti)是西班牙有名的流亡詩人,當他居住在羅馬的心臟特拉斯提弗列區(Trastevere)時,十分醉心於貓咪的世界裡。例如,他的作品《羅馬,步行者的險境》(*Roma, peligro para caminantes*)中寫道,在廚房的窗外,他會欣賞著貓咪在屋頂上優雅的漫步,或是聚精會神的觀察貓咪如何無畏無懼的奔跑從屋簷跳上陽台,並且還會奇想著,若羅馬不是以貓為見證,城市的命運將會如何改變。

俄羅斯的盧布克式版畫，出自西元 1710 年有名的諷刺畫冊《喀山之貓，阿斯特拉坎之腦，西伯利亞之腦》。

11
俄羅斯貓咪共和國

「貓是來告訴我們，
自然界的一切並非都有所求。」

——加里森・凱勒（Garrison Keillor）

在偉大的俄羅斯疆土上，居民與貓有著神秘的連結，一同在這片幅員遼闊的國度中編織出許多故事。當我們深入研究貓咪的天地時，很快就發現在充滿呼嚕聲與無情的爪子底下，貓與俄羅斯之間有著超越時空國界、獨一無二的關係。

這段特殊關係已編織進守護冰凍之夜者，源遠流長的歷史中，在飽經風霜的街道和博物館中，不斷傳頌著大地上那位獨特盟友的傳奇故事。

俄羅斯人喜歡貓，俄羅斯是最多家中有貓的國家。百分之五十九的居民至少養一隻貓。俄羅斯的土地不只屬於沙皇，還是毛皇的住所。

因此，俄羅斯人與的貓的親密關係發展出許多的傳聞與民間信仰，而且許多都是由高深莫測的貓咪擔任主角，居中穿針

引線而成的。

在民間故事裡關於貓的敘事方式十分多樣，其中最明顯的是對三色貓有著根深蒂固的偏愛，認為擁有三種毛色的貓是家庭的守護天使，他是能夠帶來幸運的使者。在這些無形信仰的熔爐中，也影響了俄羅斯聯邦儲蓄銀行（Sberbank）行銷術，此銀行推出一個獨特噱頭，但是並非辦業務換贈禮的方式，而是給予更超然的承諾。

這家銀行十分巧妙的利用民眾下意識對貓咪的盲目信仰，因此推出辦信貸送貓咪型錄，如此便一舉成功擄獲不少尋求抵押貸款的顧客上門。而且銀行服務還包括讓客戶優先選擇型錄裡其中一隻貓到新家進行短暫的家庭訪問，好祝願顧客財源廣進、繁榮昌盛。這個行銷術大獲成功，顯見俄羅斯的貓咪在金融貸款中有著舉足輕重的地位。

俄羅斯對貓的熱情使此處擁有世界上最大的貓咪馬戲團。當然，我們要聲明基於對動物的關愛，我們不支持貓咪馬戲團的活動。但平心而論，只要夠了解貓咪的個性，也就敢保證若獨立自主的貓咪願意配合，那必然不是懲罰的結果，而是付出愛的報酬，尤其當活動也是貓感興趣的，便無關配合了。在俄羅斯，貓並不僅僅是演員，而是文化上的明星。

世上有幾個地方的貓咪可稱王。其一是波羅的海的澤列諾格拉茨克，另一處就是聖彼得堡。在聖彼得堡，貓咪的生活十分活躍，因為帶有魔幻色彩的貓咪居住在這座城市裡已有悠久的歷史。

金碧輝煌的冬宮（由前皇家住所改建而成的隱士廬博物

館）中，是由一群無畏時間流逝、世代更迭的貓來守衛此處。這些貓咪倖存於二月革命與世界大戰，所以這群無言的歷史英雄也為自己在博物館中如迷宮般的走廊贏得了一席神聖的位置。

艾米塔吉館是世界上擁有最大畫廊的博物館，館中的貓咪是保護珍貴藝術品的重要守護者，也就是貓咪要盡責的發揮自己代代相傳的使命，驅除老鼠以免損壞珍貴文物。

儘管俄羅斯的土地上寒風刺骨，但人與貓的聯盟卻創造了一個充滿傳奇無價的獨特故事。無論民間傳統，或是最重要的博物館，貓咪都在俄羅斯的文化與心臟上刻下了印記。

貓爪傳奇

世世代代流傳的民間傳奇並不像陰影籠罩的俄羅斯文學那麼陰暗，只是神秘詭譎的形象就如玄妙的貓白雲（Bayun）一樣，鮮為人知罷了。據說這隻貓的呼嚕聲暗藏神秘力量，能讓漫不經心的旅人墮入永眠夢境之中。所以執政者一旦想要懲治叛徒，就會派他們去追捕這隻貓咪，好讓叛徒落入異類的魔爪之中。

若一隻貓不再是單純的寵物，而具有象徵地位，必然那是一隻聰明的貓。民間流傳的故事裡另一隻聰穎的貓，是出自普希金（Alexander Pushkin）的《魯斯蘭與柳德米拉》（*Ruslan and Ludmila*），他在序言裡表示這隻聰明的貓是巴雲貓的遠親，而因為不明原因，一直被一條巨大的金鍊子拴在一棵強壯的大橡樹上。所有孩子都知道的是，這隻貓如果向左轉時會說

魯可夫斯基（Georgii Zubkovsky）1951年的作品《白雲貓》。

故事，向右轉時則會唱歌。

貓是筆墨與紙的座上賓，一同與作家徜徉在永恆文學的波卡舞曲之中。小說家布爾加科夫（Mijaíl Bulgákov）也是一位醫生與劇作家，他的《大師與瑪格麗特》是世上公認的傑作，故事裡有一隻名叫河馬（Beguemot）的黑貓，他是主人公沃蘭德（Voland）的隨從之一，也是惡魔的化身。這隻黑貓十分睿智風趣，所有讀者都十分欣賞貓咪餐後的幽默談話，或是與知識分子聚會中表現的尖酸刻薄。

大眾流行文化裡最有趣的一部份，是誕生了貓咪利奧波德（Leopold），而且這部卡通不僅是老技倆的貓、鼠鬥的俄羅

斯版,而是具備了超越螢幕的影響力。利奧波德是一隻博學多聞的貓,總是戴著領結像位老紳士一樣,能夠滿足好奇寶寶天馬行空的發問。他會用睿智的聲音,像咒語的低喃一樣,不斷對著孩童耳提面命:「孩子們,讓我們和平生活吧。」然而,利奧波德的生活中會不斷遭遇惡作劇,無時無刻在應付兩隻頑皮又愛記仇的老鼠,鼠輩好幾世紀積累下的怨恨,復仇的慾望讓老鼠不斷找利奧波德麻煩。

面對眾多問題,睿智的貓咪總是會伸出援手,其實這顯然在暗指一場與敵人永無休止的對抗。利奧波德的個性完美體現俄羅斯人在逆境時奮起反抗的堅韌民族精神。貓咪無數的傳奇

俄羅斯的文學、童話故事與卡通中,處處可見到向貓致敬的身影。卡通《利奧波德貓》是效仿《湯姆貓與傑利鼠》,但該部卡通中只有貓能戰勝頑皮老鼠,以示俄羅斯人對貓咪的感激之情。

故事為俄羅斯文學及民族增添了別樣風采，留下不可磨滅的印記。在這一首文化交響曲中，我們將意識到一個不容質疑的真理：貓與俄羅斯人是命運的共同體，彼此在共同的命運中團結，在時間的流轉中加羈絆。隨著接下來的漫談，我們將會透過認識聖彼得堡，更好的理解為什麼俄羅斯的貓必然打敗老鼠。

救起的貓要叫副部長

大家可能對於多數俄羅斯人心中還暗暗記得一位「瘋貓女」感到不可置信？並對順理成章的任命一隻貓擔任副部長感到驚訝？這超乎尋常的事件就發生在垃圾場裡，有一名勇敢又極富同情心的下層工人救出一隻在垃圾堆中奄奄一息的小貓。事實上，環境部對每次員工見義勇為的行為，會頒發感謝狀與現金獎勵。不過，這一次的回饋超出往常的範圍。

被英勇救回來的小貓，隨即被授予烏裡揚諾夫斯克州（Ulyanovsk）環境部門的名譽副部長一職。其實賦予貓咪擔任公職部門一職，是很常見的情況，其後隨著我們更深入探索俄羅斯，就會發現他們隱藏在神秘面紗下的感性。

莫斯科算是一個雪窖，城市連著好幾個月都處在冰天雪地的寒冬中，如此一來街上約有 10 萬隻流浪貓，就得在如此的惡劣氣候下找到棲身之處。這些頑強的貓咪沒有被凍死，是因為他們找到兩處被遺忘的地下室。貓咪會從狹小的地道溜進去，由於裡頭的位置很接近市政埋藏暖器的管道，因此貓咪可以擠在一起取暖。

貓咪身處的困境,市議會也因應非政府組織的要求,做出行政規定,要求地下室的小窗口必須永遠是打開,且如果有人發現地下收容所的窗子關上了,那守護貓群的人可以一腳踢開,確保毛朋友的生存空間無虞。此外,狹小的地道不僅是過道,也是投放食物的通道。寒冷的氣溫會讓室外貓糧直接結冰,導致貓咪餓死。所有威脅小生命的障礙,俄羅斯人都一一解決了。

🐾 列寧格勒圍城戰中的英雄

貓不僅是聖彼得堡的寶藏與靈魂,更是許多人的護身符。貓咪對這座城市付出的恩情是不可計量的,而這事也反映在無數與貓有關的紀念物品中。城市裡的服飾、日常用品上都印有貓咪的圖騰,描繪出千變萬化的貓姿,可以是聖彼得堡澤尼特足球俱樂部的加油聲,也可以讓所有極具代表性的紀念碑全都成為貓咪擺拍的背景等。

2018年,世界盃足球賽前夕,俄羅斯的隱士廬博物館中的一隻貓爆紅。那是一隻漂亮的白貓,名叫阿基里斯(Achille),他生活在毫無波瀾的耳聾狀態之中,而他就像在模仿現代神諭一樣,預測了各國比賽勝負。儘管白貓沒有像章魚保羅那麼厲害(章魚哥百發百中,還成功預言西班牙奪冠),但阿基里斯的神機妙算還是轟動了俄羅斯全國上下的民眾。

然而,聖彼得堡與貓之間的關係不是近年來才開始的,而是在久遠的歷史中就已連結在一起了,尤其那場來自納粹對列寧格勒(此名稱是由列寧命名,先前是史達林稱的史達林格勒)

圍城戰的黑暗日子裡。

列寧格勒圍城戰發生在1941年至1944年間，城市有900多天的日子被包圍起來，沒有任何糧食物資、醫療藥品設備可以送進此城中。在那段慘絕人寰的歲月裡，有60多萬條的生命活活被餓死，街上的貓全都消失了，只有老鼠四處流竄。這些殘忍的鼠輩製造出的問題不僅是吞食珍貴的穀物，或啃食所有找得到的一切，而是還會危害人類的健康。

當時，政府十分警戒流行病的傳染，因此制定一套解決方案：招募俄羅斯境內各地區的貓咪。其中名為秋明州（Tyumen）的貓為此關鍵時刻貢獻良多，今天在那座城市裡還設立相關的紀念公園。

聖彼得堡中的瓦西麗莎雕像

有 5000 隻貓進到了聖彼得堡，並熟練地履行職責。自此，聖彼得堡就對這個救世主身姿牢記在心。城中可見到貓咪埃利西（Elisey）與瓦西麗莎（Vasilisa）的雕像（身型雖小，但意義重大），便是致敬這些勇者在苦難的日子裡的付出。

現在，那段貓咪奉獻的歷史全都凝結在一間名為「貓咪共和國」的咖啡博物館裡，咖啡店的一角也是 25 隻小貓落腳的家。這間貓咪咖啡館相當知名，消費使用的是店家提供印有貓章的特殊硬幣。

然而，在那段慘無天日的戰役中，貓咪瓦斯卡（Vaska）的事蹟卻流露出人與貓之間最美、最真摯的情感。瓦斯卡十分友愛且忠誠的行動，改寫了祖母、母親和女兒等三代之間的親情。

這一段聽了讓人不禁潸然淚下的故事，是由孫女闡述的：

祖母總是說，她那窮苦的家庭能度過艱難的封鎖，都是瓦斯卡的功勞。要不是這隻長毛貓咪是生命頑強的鬥士，她們很可能就像大家一樣死於飢餓。納粹圍攻下，彈如雨下，食物匱乏……生命一個個被帶走……祖母與母親也在生命的邊緣垂死掙扎，但那隻骨瘦如柴的小貓就像迪士尼電影一樣夢幻，單憑僅存的體力，擔負起供給一家三口的食物來源。每日，瓦斯卡都會出去打獵，並帶回老鼠。如果運氣好一些，帶回來的老鼠又大又肥。祖母會清除老鼠的內臟，再下鍋燉煮，用鼠肉做出一道像燉牛肉一樣的料理。

這隻不顯疲倦的貓咪總是安靜的坐在一旁，耐心等待廚師

決定自己吃飯的順序。睡覺時，母女與貓咪會在破舊的毛毯挨在一起取暖，大家在輕柔的咕嚕聲中度過一日。

而且，每當貓咪焦躁不安的在四周打轉，不停喵喵叫時，母女倆就知道該趕緊前往防空洞。靠著貓咪的第六感，才躲過戰鬥轟炸機的到來：

祖母拿著必需品，帶著大家到安全的地方躲藏。其間，她一定會把貓咪抱在懷裡，時刻緊盯著貓，以免被抓走成為別人家的午餐。貓咪會很乖巧的待著不動，一直到危險過去，才一同回到那一處所剩無幾的家中。無情的飢餓讓瓦斯卡瘦成皮包骨，她跟大家一樣都需要補充營養。冬日，祖母會盡可能收集所有麵包屑，小心保存起來，待到春日她與貓咪一同去打獵時，便會將麵包屑撒在地上，然後與貓咪一起躲起來。貓咪會蹲低身子埋伏起來，靜待一個完美捕捉無辜鳥兒的機會。不過，貓咪的體力已不足以獨自完成任務，需要祖母適時從灌木叢中出來一起完成捕捉的工作才行。因此，從春天到秋天，我們偶爾能換換口味，不是只有鼠肉能吃。後來，圍城結束後，糧食不再短缺，祖母總會把最好的部份留給貓咪。祖母總是會溫柔的撫摸瓦斯卡，輕聲細語的對她說：「你帶給我們勇氣。」瓦斯卡於1949年去世，祖母將她葬在墓園裡。為了防止有人踐踏棺木，她的墓碑上畫了十字架並寫道：「瓦斯卡・布格羅夫」。而祖母去世後，她的墓地就安置在貓咪旁，而當母親去世時，我也將她放在祖母旁。就這樣，貓與母女在同一片土地下安息，就像她們在戰爭時那樣……在同一條毯子下。

儘管至今無人知曉說故事女子的名字，但瓦斯卡的美名今日已保存於俄羅斯博物館中，而這段事蹟也紀錄在亞歷塞維奇（Svetlana Alexievich）撰寫的《二手時代》裡。

🐾 冬宮勇敢的守護者

從十七世紀來，貓與聖彼得堡就一直維持著特殊關係。沙皇彼得一世的女兒，即後來擔任全俄羅斯女皇的伊莉莎白一世，她驚恐的發現冬宮（幾年後改為隱士廬博物館）的地下室裡到處都是老鼠，恐怕將毀損很多收藏的物品，損害沙皇的15000多件服飾，以及無數件珍藏的藝術品。

伊莉莎白一世決定要徹底解決這道問題，所以她找上了最好的捕鼠獵手，也就是喀山貓。喀山貓是以無畏、無懼與無情聞名的優秀獵手。喀山貓之所以出名，是因為到訪過喀山的人都知道，當地的貓咪是捕鼠高手，讓城裡幾乎不見老鼠的蹤跡。因此，喀山貓就成為1745年女王公開徵求的，「最好、最壯且會捕鼠的貓，並允諾會有專人照護貓咪的福祉。」

2009年，喀山藝術家巴什馬科夫（Igor Bashmakov）設計的3尺高、2.8尺寬的作品，獲選為城市向貓致敬的雕塑。這個雕像展示出貓咪飽食的模樣，一隻手摸著鬍鬚，另一隻搔著肚皮。喀山市民選出此作品來向貓咪致敬，而製作的材料是由廠商贊助捐贈的。此紀念碑上寫著：「喀山貓，阿斯特拉罕的頭腦，西伯利亞的智慧。」

現在，我們的視線從喀山雕像轉開一會兒，先回到方才談

的那棟有鼠患的冬宮，還有伊麗莎白一世的徵召。到冬宮的貓大約有五十至七十隻（不過也有傳言是三百隻），這些貓全都被女皇任命為冬宮「衛兵」。

在嚴謹的宮廷等級制度中，每隻一貓都有明確任務以及所屬的位階，貓咪只能待在自己守護的特定領域之中。在分屬的階級中，最高階稱為臥室貓，能與王室成員共享臥室空間，在溫暖壁爐旁休息。臥室貓並沒有實用目的，僅是皇家傢俱裝飾品的一部份，主要是為皇家色彩增添一絲威嚴。

巴什馬科夫（Igor Bashmakov）設計的喀山貓雕像

其餘的貓階都較低一等，通稱為臣子，生活在地下室。守在隱秘巢穴中的首要任務，就是消滅大膽出現於此領地的老鼠。儘管每一隻貓都要工作，但都受到善待與愛護。

這些毛護衛逃過了拿破崙戰爭的攻擊，目睹他們主人在1917十月革命後的衰落。見證俄羅斯共產主義政權興起，這些日子以來都堅守住自己的家園，但最終仍沒有從列寧格勒圍城中倖存下來。

納粹圍攻列寧格勒前，執政者便已將藝術品藏到烏拉山（Urales），皇宮的地窖也改造成防空洞。而冬宮沒有了貓（有些死於飢餓，有些成為充飢口糧）便失去了保護，老鼠啃食家具、牆壁與所有遇到的一切。

博物館地下室的「隱士」，圖片源自博物館 Instagram：@hermitagecats

🐾 貓的網站與新聞發言人

二次世界大戰一結束，隱士廬博物館就重新開放，「衛兵」準備就緒繼續擔負起看守二十四里長如迷宮般的畫廊，而且其中還有部份廊道特別金碧輝煌。博物館的館藏作品有三百多萬件。據說，若想全部看過一輪，以每件作品只花一分鐘欣賞，一天二十四小時來計算的話，幾乎也要近十一年才能看完。平時展廳只展示三分之一，三分之二的作品都放在地下室。

然而，儘管「衛兵」重回工作崗位，但卻沒有任何控管機制。貓咪在博物館內繁殖、漫步，以及努力求生。顯然，六〇年代末，貓咪出現了問題，已無初始設定的功能了，只是當時無人注意到這一點。

二十世紀的九〇年代，博物館的館長特助哈爾圖寧（Maria Haltunen）觀察到館內的小貓不是被凍死就是餓死。所以，她與另一位同事開始自掏腰包購買貓食，自願在下班後餵食貓咪。其後，由於媒體報導冬宮的「衛兵」故事，才有民眾發起募款活動，籌措資金來照顧貓咪。殷鑑於該活動的熱烈迴響，館長便不再堅持把地下室挪作老人與病人的長照空間。

後來，館內僅收容七十隻「衛兵」，其餘的由民眾收養。此外，這些館內的貓咪禁止進入展廳。不過，貓咪在此仍得到良好的照顧，有自己的醫院，甚至地下室還設有貓咪廚房。事實上，貓的存在仍發揮了作用，因為其存在就足以嚇跑老鼠了。另外，貓咪的命名是借用知名畫家、雕塑家的名字為主，但有幾隻是以國名來稱呼。或許《紙房子》的編劇以城市命名角色，

可能也有受此啟發吧？

如今，官方的衛兵團成員，不再由擅長狩獵的貓組成，而分屬的階級（貴族、朝臣和平民）是根據原本流浪貓活動的區域來制定。每一隻貓都有詳細的記錄檔案，有特製帶有照片的身分證，是作為博物館官方衛兵的認證。這些貓已經成為博物館的吉祥物，有自己的新聞發言人、網頁。當然，也有大批粉絲追蹤其 Instagram 與 Facebook。

「衛兵」不時會離開地下室到上頭曬太陽。每隻貓咪都備受疼愛，有自己的身分證。領養冬宮貓咪的人都會得到一份特別禮物：可進入此座活力四射博物館的免費入場券

博物館四周有許多交通標誌，都是用來提醒駕駛注意貓咪出沒，小心慢行通過。

貓咪的預算全都來自員工與訪客的捐款。樂捐的愛貓人士不限於俄羅斯人，而是全世界都有，其中最不可思議的是2020年，一位法國醫生的遺囑中表示要將三分之一的遺產給「衛兵」。隱士廬博物館有帳戶可以進行捐款，所以貓咪的生活資金可說是充裕，開銷並不成問題。所以，每隻貓除了營養均衡、定期接種疫苗與進行消毒外，還有自己的碗盤、床和貓砂盆。

博物館的貓咪通常都是街上的流浪貓（或是有些人在無法養貓時也會送到此處），工作人員會協助領養，尋找適合有能力的家庭，讓貓咪可以在良好的環境中生活。貓咪的所有相關資訊都會放網站（www.hermitagecats.ru）上，網頁的「喵喵特種部隊」中可以讀到許多對貓咪的讚美。

🐾 領養「隱士」可獲博物館終身免費入場

想收養隱士廬博物館的貓並不容易，因為要接受多次的訪談與調查，在館方確認是會妥善照顧的合適人選後，會贈予一個「隱士廬貓咪主人」的正式頭銜，並給予終身免費進入博物館的入場券。程序如此繁瑣，因為有一隻鬍子「衛兵」是至高無上的榮耀。

現在，誠如先前所述，小貓不能在展廳裡漫步，不過館員認為貓咪的存在可以促進效率，工作起來更積極愉快，所以好多員工都紛紛將辦公室搬到靠近地下室的位置，以便「衛兵」

的拜訪，而且也方便在夏天時看到在露台與花園裡的貓咪。偶爾，貓咪也會溜到禁區，遊客總是樂於在參觀過程有貓咪的陪伴。不過，小心！千萬別騷擾與餵食貓咪。

視覺藝術家扎基羅夫繪製的貴族肖像畫之一：《隱士廬的貓咪侍者穿搭》。

博物館的亮點除了貓之外，還有數十萬件的藝術品，像是好幾個展廳展出畢加索等大藝術家的作品。根據這間融合人文與動物的博物館的館長所述，關於此間博物館的報導數量，就跟館中收藏的繪畫數量一樣多。

　　結束博物館「衛兵」這篇之際，最後我們還要介紹俄曆中的特別紀念日：隱士廬貓咪日。節日為每年的 5 月 27 日，當日博物館的展廳與地下室都會開放，歡迎在學生與美術系學生入館參觀。當日慶祝活動會有貓咪繪畫與攝影比賽，獲獎作品會在館內展出。此外，與會者也會受邀參加「大家來找碴」，尋找館內有老鼠的繪畫作品。但老實說，這真的是沒事找事做。

　　2012 年，《冬宮》雜誌委託視覺藝術家扎基羅夫（Eldar Zakirov）為貓咪創作一系列肖像畫。藝術家創作的靈感來自十八、十九世紀俄羅斯宮廷肖像，而服飾繪製的樣板是存放於倉庫裡的舊衣。如此生產出一系列冬宮貓咪穿上宮庭服裝的肖像。

🐾 波羅的海旁的呼嚕之都

　　近十年來，偉大的俄羅斯有一個地方已經搖身一變成為咕嚕之都。沒錯，我們指的就是古老的普魯士地，加里寧格勒洲。俄羅斯全國上下都知道這裡有一座貓之城（獲得聖彼得堡的許可）。

　　列諾格拉茨克市緊臨波羅的海，是隸屬於加里寧格勒洲的海港城市。此地風景如畫，以水療聞名，而且貓咪也是帶動當

地觀光遊行的最佳推手。

　　當地政府發現街上的流浪貓十分受觀光客喜歡,很樂意穿梭於城市的大街小巷時有貓咪陪伴,因此政府決定突顯此特色。而行政工作的第一件事就是任命貓咪鏟屎官(有八十人申請該職位)。該職位官員的職責就是穿著一套帶有帽子與貓咪標誌的綠色制服,以供識別。另外回應市中心設置的綠色郵筒裡民眾的留言或建議,以及處理通報動物疾病的事件。

　　生長於歐洲極北的貓,不管是過去、現在或未來,生命力都十分頑強。這些貓咪就如同俄羅斯的士兵,擅長與惡劣氣候

列諾格拉茨克市的喵喵博物館的一個展示櫃。

打交道，瞭解生活的無常。這裡的貓都是生活的倖存者、鬥士，性格十分堅韌，懂得與人類並肩作戰，抵禦外侮（儘管有時人類就是最大的欺侮者）。這裡有些貓可能是戰場上的英雄或是受害者，可能是曾在宮廷裡生活的驕子、寵兒，或是來自遠方的朋友但對異己慷慨大方，但這些都是在此旅行的人們喜愛的貓。

這座城市到處可見貓咪紀念碑、雕塑與塗鴉，甚至連紅綠燈的人形圖案都變成坐著的貓或行走的貓。這是貓的城市，每個小地方都跟貓有關，讓人無法忽視其存在。而且，若要尋找隱藏在城市角落的貓咪藝術品，只要跟著人行道上印有的貓跡彩繪的指引即可。此外，城市裡設有貓食自動販賣機，以確保想餵食的人可以有合適的食物投放。

當地最多人參觀的雕塑之一，是歷史博物館的入口處那一隻大貓，許多遊客會到那邊摸貓肚邊許願。這隻貓除了代表著皇室的門面，也是掌管城市鑰匙的守護者。

當地人相信家中有一隻普魯士貓，就能家宅平安、衣食無缺、身心康泰。也就是說，貓是安泰幸福的寓託。

喵喵博物館（Murarium Museum）是俄羅斯最大的私人貓咪收藏館，位置就在城市的舊水塔房內，裡頭展示的物品十分有趣。最先一開始展覽的物品皆是來自一戶人家的三十多年收藏。而從1905年至今，館內收到很多民眾捐贈與貓相關的物品、圖像，所以貓咪樣品已有4000多件。想當然，這座博物館並不精緻，只能算是一個極繁主義的貓咪展示館。不過，看起來是庸俗的大雜燴，仍又別有一番滋味。

最後，俄羅斯貓咪也受到俄羅斯入侵烏克蘭的影響。國際上為了抗議俄國的行為，抵制俄羅斯當地特有的八個品種貓咪，其中以西伯利亞貓（大型貓）、唐斯芬克斯貓，以及和俄羅斯藍貓（無疑是最受歡迎的貓）等影響最大。各國希望以此來報復普丁與其政治行為。而在此分享此資訊，只是想突顯出普丁不喜歡貓，如此才說得通他的作為。

　　當貓咪的故事結合街上的鵝卵石街道與博物館的走廊之際，留著小鬍子的衛兵仍在默默工作，盡忠職守保護人類的智慧財產，並讓相關的傳說永久流傳下去。

十三世紀《諾森伯蘭郡動物寓言集》中的貓捕抓老鼠。

12
凱爾特的律法與傳說

「我研究過眾多哲學家與無數隻貓。
貓的智慧才是絕妙高深。」
——伊波利特‧泰納（Hippolyte Taine）

在愛爾蘭，貓有極大的特權，即使在中世紀（歐洲黑暗時期）也是如此。當時已有法條詳細規定市民對貓的民事與經濟責任。這些法條稱為「貓法（Catslechta）」，而條文中把貓分為以下幾種類型：meone，即很會喵喵聲的大貓，指的就是地窖裡擅長抓鼠的貓；Breone，會咕嚕咕嚕叫且保護意識很強的貓，指的是家庭守護者；crúipne，有銳利爪子或強而有力貓掌的貓；folum，與牛一起住在圍欄裡的放養貓；baircne，跟女人一起睡在枕頭上的貓，指的是乘船到愛爾蘭的「船戰士」。

事實上，法條有更多種分類，以上是較常見與常用的。根據律法，貓主應為貓的行為負責，並賠償其造成的損失。當然，若貓受到傷害或遭竊，貓主也該獲得賠償。

律法詳細的規定了什麼？舉例來說，若 meone（地窖貓）

受傷，有目擊者的話，須支付兩頭牛的費用。沒有目擊者的話，也得付一頭牛的錢作為賠償。又或是會發出咕嚕叫且保護意識很強的貓（breone），「若既發出咕嚕聲又發揮了保護作用，那會得到三頭牛的報酬。如果只執行其一項功能，那僅支付一頭乳牛與一頭三歲小母牛作為酬勞。」對於幼崽（無論貓、狗）都有額外的關懷法則。雖然幼崽還很「嫩」，意思就是工作能力尚不成熟，所以勞動價值是按父輩值的九分之一計算，而這已相當接近一頭乳牛的價格。一旦幼崽脫去稚氣，那麼貓就會根據勞動「身體價格」（即按件計酬）計算，最高可達三頭乳牛。那真的就是一大筆錢了。

在中世紀的愛爾蘭，貓咪價值不菲。「貓法」也規定了貓主的責任。如果飼養的貓咪惹禍上身，貓主會發生什麼事？根據當時律法，若貓咪吃了一處門沒關好的食品儲藏室裡的東西，那麼主人不必承擔責任。若相反情況，貓闖入門有嚴實關上的地方，主人就要負責。

另外，若貓「放肆抓鼠」過程傷及某人，主人免責，因為該人無權在場。但此人受命在場，例如奉主人命令進入地窖，主人須繳一半的罰款。

時光荏苒，現在的愛爾蘭已有很大的變化。目前，百分之五十的家庭養狗，養貓的家庭約只有百分之三十。2014 年，通過《動物健康與福利法》的動物保護法，明訂若發生貓咪生病而未獲治療、忽視其問題或遺棄，視為違法行為，而虐待動物是犯罪行為處之。

🐾 貓咪醫院連續劇

愛爾蘭的科克醫院十分特別，因為那是一家專門收治貓咪的醫院。該醫院由獸醫克萊爾（Clare）創立，專門為可愛的貓咪提供藥品治療。成立醫院的主旨是為了減輕患者的苦痛。門診採預約制，無須等待，院內有費洛蒙噴發器能讓貓咪一直處於放鬆狀態。顧客形容院內的感覺就像是一間貓咪 Spa 水療中心。

愛爾蘭電視台上有一部連續劇就叫《貓醫院》，於每週五的八點半播出。劇情主要環繞在貓咪診所的日常，有獸醫看診，手術台的情形，以及處理緊急事件等。其中最感人的，應是人類聽到貓咪可能發生的病況時的反應。對貓的愛與心疼都完整的傳遞給螢幕前的觀眾。此劇大獲成功，轉播權還被另一家更大的電視台收購了。

科克貓咪醫院創始人克萊爾

愛爾蘭也有自己的貓品種：曼島貓。這個品種是來自曼島，以沒有尾巴聞名。關於曼島貓沒有尾巴的說法，據說是一隻玩得忘我貓咪趕到挪亞方舟時，船門正要關起，雖然最後一刻是進去了，但尾巴卻被門給切斷了。另一個說法是曼島貓是貓與兔子雜交的結果，所以這種貓也會被叫為兔兔的原因。不過，也有很多人認為一切始作俑者是貓咪的媽媽，因為貓媽媽為了不讓小貓被軍隊捕捉掛在盾牌上，便下手切斷小貓的尾巴。

曼島貓於 1860 年開始受到大眾的喜歡。因為他們的皮毛是十分柔滑的雙層毛，而且有尖尖的耳朵、又大又圓的眼睛，後腿比前腿更長、更強壯，以此彌補沒有尾巴的不平衡現象。曼島貓的個性捉摸不定，時而頑皮好奇，時而內斂沉穩，彷彿在保護著自己誕生島嶼的古老秘密一樣。很多人認為這種貓的存在就像代表著古老的傳說和寓言故事中的人物真實存在一樣，讓現實世界的基礎不再穩固。曼島貓不易繁殖，不好培育，這也讓貓咪更受人重視的原因。

十九世紀的版畫，
曼島貓。

🐾 別惹九命妖精貓

翡翠島是一個充滿凱爾特神話與傳說的國度,其中貓咪也是立國功臣之一。據說,貓咪是由羅馬軍隊在入侵英國時帶入的。當時羅馬人帶著貓,因為相信貓能帶來好運。

在西方世界還不是基督教時代,也就當時凱爾特人的德魯伊能背誦奧秘智慧,而奧拉夫還是會作詩的大師時,愛爾蘭的土地上就出現一個很有名的洞穴,裡面住了一隻黑貓。傳聞,黑貓會盤坐在雄偉石頭的王座上,表現的氣勢凌人,且會為那些於敢於冒險入內的勇者,告知未來的事件。

不過,另有傳說表示,愛爾蘭的貓是從新石器時代就有了,就是在羅斯康芒郡的一塊巨石底下發現一處貓穴。以前智人及其後代都把此洞穴視為是通往另一個世界的入口,而這也正好符合古代凱爾特神話的概念,貓咪是「另一個世界」的守護者。有一些蘇格蘭氏族會自稱自己是神秘貓咪的後裔,所以會將頭盔放上貓皮裝飾,作為血統的象徵。

在德魯伊傳統中,貓被認為是女神的聖物。然而,也因為貓與超自然現象有關,讓人類對貓是既怕又愛。神話傳說中提到貓知識的才能,是女神愛麗尤賜予的,而凱爾特族人認為這也就說明了為何貓咪會在神秘狹小的穴道中出現。並且,由於族人對貓的能力深信不疑,認為咒語要用上貓咪才會有效。預知方法很多都是根據貓咪行為來推測的。例如,一隻貓死在房子裡,表示另一個人也即將離去;一隻貓從食物上跳過,烹飪該食物的人會為世界帶來更多貓。對貓咪的認識,對這些原始

人來說,是理解日常生活的無常,以及謹慎的方法。

此外,除了愛麗尤女神與貓有關外,貓與另一個女神布麗姬也有關。事實上,布麗姬掌管一切相對較高的事物,例如火焰、山脈、丘陵和堡壘。她所從事的活動與狀態,都是較高貴的,例如智慧。但是,布麗姬對貓有一種難以言喻的恐懼,有時會視之為「不淨」之物。就像愛爾蘭有句老話:「上帝只有貓不救。」

凱爾特神話中還有妖精貓(cat sith)的傳說,是一隻胸前有白點的大貓,具有變形能力,能變回貓形九次,也就是說有九條命。大家都很防備妖精貓,因為他會偷走人類的靈魂,這也是為什麼墓地附近不能養貓的原因。

最後,愛爾蘭神話中有一則關於貓王的故事。貓王是貓的守護神,免於貓咪受到滋擾。此傳說跟一個住在科克郡小茅屋裡的男人有關,此男子不遵守每週留下一碗牛奶討仙女與妖精貓歡心的習俗,甚至不理會鄰居警告,他並不認為不取悅貓咪,自己的農作物就會遭殃,完全當成無稽之談。

然而,男子其後的行動更加慘忍,他在牛奶裡下毒,毒死貓咪,而這也導致他的命運發生驟變。貓的離去只有一會兒而已。當這名男子在一家酒吧喝酒時,因幾杯黃湯下肚後便開始說起自己的事蹟,當時在酒吧裡的貓立即站起,尖聲說道:「很好,我是貓中之王!」然後,攻擊男子,把他永遠趕出村外。

🐾 潘古爾・班，一隻博學的貓

愛爾蘭口耳相傳的貓咪傳奇對當地是有很大的影響力。夏末節（萬聖節的前身）當日，大家會在屋外放一盤牛奶吸引妖精貓的祝福。大家認為那些不放的人，可能會導致家園受到詛咒，讓家裡的乳牛不再產奶。人們總是寧可信其有。

現在，我要談到貓與《凱爾經》一書的插圖手稿歷史，而這是我自己在想像中發展出來的。我認為愛爾蘭這一份被視為該國最珍貴的文化瑰寶，必然也與貓咪有著有趣的連結。

《凱爾經》是一本以泥金裝飾，為新約聖經四福音的手抄本。據說是西元 800 年左右由愛爾蘭的米斯郡裡的凱爾特修道院製作的。該書以華麗的筆法與精美插圖聞名，顯示當時已具備高超的藝術造詣，以及對宗教象徵意義有深刻的理解。

顯然，《凱爾經》的內容與貓無關，但中世紀愛爾蘭的修道院與貓的關係卻是其歷史背景的一部分。當時的修道院都會養貓，用以守護手稿與儲放糧食免受老鼠啃食，或遭受其他動物的毀壞。僧侶們都很感謝毛同伴的狩獵與驅趕害鼠的能力。

修道院裡有貓咪已是愛爾蘭好幾個世紀的傳統了，而這對製作《凱爾經》的背景增也增添幾分有趣的元素。

試想，或許每一個頁上複雜的插圖所呈現的藝術奇蹟，也同樣是受惠於貓咪默默在愛爾蘭中世紀修道院的角落裡觀察一切，竭力守護這份文化寶藏免受外界的威脅。歷史、藝術的流傳也要多虧了有這些神秘守護者偶然的出現，才能為愛爾蘭豐富的文化遺產賦予特殊的細微差別。

貓咪悄悄將自身看似微不足道的存在,也載入了這墨彩繪手稿與古文字之間。貓敏捷的爪子與銳利的目光,在此起彼落間與抄寫的修士所畫的線條交織一起,在文字世界中創造出了自己生命的一角。抄本的第 48 頁,一隻貓在追捕一隻渴望聖體麵包的老鼠。這幅插圖背後有何象徵意義?似乎沒有,或許是在提醒善惡間的永恆鬥爭,還是僅是修道院日常的生活的實證。貓是最盡責保護修道院神聖食物的守護者。

我們先前談過貓在古愛爾蘭的崇高地位,驅趕老鼠的能力受到高度讚揚,視之為珍寶。此外,也提及了「貓法」。這些其實都表明這個世紀的愛爾蘭社會十分瞭解貓咪,認可其重要性。同樣的,在文學書寫中也可見一二。

愛爾蘭眾多有名的貓中,潘古爾・班(Pangur Bán)可說最受矚目。這隻貓出現於一首古詩中,詩是用古愛爾蘭語寫成,手稿源自九世紀的奧地利聖保羅修道院,並由一位抄寫拉丁讚美文與語法文本的抄寫員紀錄下來的。

《凱爾經》48 頁插圖

此詩講述修道院中，在羊皮紙和手稿之間，有一隻貓叫潘古爾‧班，是一隻博學多聞的貓，常陪伴在睿智的抄寫員左右。在古代，夜色降臨後，修道院就會關閉繕寫室，而這隻白貓便會坐在他的人類朋友旁。燭光閃閃，卷軸上的墨水把智者的文字凝結起來，寂靜成為夜裡唯一的曲調。

哦，厲害的捕鼠大師，潘古爾‧班！我，抄寫員，面對拉丁文字，而你在陰暗中捕捉神出鬼沒的老鼠。你踏著輕悄步伐追蹤獵物，而我是在尋覓經文裡的未竟之言。你，有你的貓咪才能，我，有我要糾纏的字母，我們都不知疲倦地追尋。

你明亮的眼睛反射出古人智慧的光芒，我的眼睛映現出數百年的手稿。我們的任務是找到快樂與圓滿。你的在狩獵中，我的在文字裡。我們倆在自己天地中鞠躬盡瘁、竭盡全力。

所以，潘古爾‧班，《凱爾經》的書扉中，愛爾蘭的貓咪的故事裡，在這個不起眼的敘述中，你的精神永存，提醒追求知識與美的過程中，堅持不懈與熱情的重要，歷史的交織是無關任何藝術與自然形式的。

🐾 可怕的黑貓

在愛爾蘭的文學作品中，有一本叫《萊肯黃皮書》的書，內容是描寫貓頭戰士中，其中較有名的稱呼是蓋爾勝者。這也影響了愛爾蘭的某個國王的名字，他就叫 Cairbar Cinn Chait，意思是「貓頭的 Cairbar」。

另外，在《梅爾杜因的愛爾蘭航行》中也有一段貓的故事。

水手們在海上發現一處由動物統治的島嶼，貓島。雖然此處看起來富麗堂皇，但珍寶卻由一隻「神奇的貓」嚴密看守著，任何試圖偷走寶藏的人，都會在火熱的爪子下燒成灰燼。

此外，比較近代的事蹟中，貓也在愛爾蘭的威士忌酒廠裡佔有一席之位。由於生產威士忌要使用大量穀物，但麥芽會誘引老鼠的光顧。所以，像都柏林的老牌子威士忌，「尊美醇」愛爾蘭威士忌的釀酒廠歷史中，也有一隻貓的參與，一起守護酒廠的衛生與美酒發酵。或許，下次喝威士忌時，也別忘了感謝那些守護酒廠的英勇貓咪。

近幾年來，發生過一起愛爾蘭人都熟知的基魯阿基（Killakee）莊園的黑貓可怕事件。此莊園在 1968 年由奧布賴恩（Margaret O'Brien）夫人與她的丈夫，尼古拉斯買下，當時兩人打算將這一棟廢宅改造成藝文中心。然而，整修工人卻回報屋內會傳出毛骨悚然的聲音，並且還表示有一次大家都見到一隻十分壯碩的大貓出現在眼前，然後又隨即消失。

起初，奧布賴恩夫人不相信傳言，但不久後她也親眼目睹了。她發現到有一隻貓在走廊盯著她看。當時，每扇門都是關上的，但貓卻隨即消失了。

不久過後，三名在屋裡粉刷牆壁的油漆工，突然感覺一股寒意衝來，便以迅雷不及掩耳的速度跑到門邊，關上門再次打開後，就看到一個惡狠狠吼叫的模糊影子閃過。油漆工嚇得落荒而逃，用力的把門帶上，飛奔到屋外。然而，當他們回頭，門又開了，而裡頭的黑貓正用那發亮的眼睛盯著他們，不斷咆哮著。

經過這一次毛骨悚然的遭遇後，夫人對老宅進行驅魔儀式，日子才又平靜下來。然而，在 1969 年 10 月，一群住在藝文中心的演員，在此使用通靈板的召靈儀式，讓平靜的空間再次出現騷亂。這一次，大家吃驚地看到藝文中心的廊道上出現兩位修女的靈魂。

當地靈媒，聖克萊爾（Sheila St. Clair）進到此房宅，表示鬼魂是兩個不幸婦女的靈魂。她們是在十八世紀時參加了有名的地獄火俱樂部舉行的撒旦儀式。俱樂部的愛爾蘭分會是由帕森斯（Richard Parsons）主持，於 1735 年成立。據說，他們會在狩獵處的休憩小屋舉行邪靈撒旦召喚，而那個小屋也就是位於藝術中心後面的蒙特佩利爾山丘上的那棟廢棄房子。

地方傳言，鬼魂與「伯恩查佩爾‧威利」（Richard "Burnchapel" Whaley）有關。威利是當地最富有的家庭成員，但他加入俱樂部，沉迷於胡作非為的迷信。俱樂部十分崇拜撒旦化身的貓，他們曾活活把一隻黑貓送進火堆，並把婦女裝在木桶內焚燒，以及進行殺害不幸畸形兒的儀式。

據說，在 1740 年俱樂部的聚會中，一名僕人打翻酒杯，灑了托馬斯‧威利（Thomos Whaley）一身，憤怒的威利把白蘭地潑向僕人，然後在他身上點火。過沒多久，引發的火災燒毀了建築物，有幾名俱樂部成員因而葬身火窟之中。

過去的黑暗歷史與近期發生的超自然現象，使得基魯阿基莊園成為一處不光榮的象徵，是所有故事、傳說與神秘不安事件的封印之地。

1970 年，莊園的廚房地板下挖出了一具迷你骷顱頭，一旁

擺放著一尊小的惡魔銅像。在好好埋葬這些遺骸後，莊園再度恢復寧靜。其後，此處改造成一家漂亮的餐館，到此用餐的客人都會注意到自己被一座基魯阿基的黑貓肖像凝視著。若你經過都柏林的基魯阿基路，十分值得到這座莊園走走。

另一個對喵星人死忠粉絲來說不容錯過的地點，是貝爾法斯特城堡。該城堡建於十二世紀，現在看到的外觀是1800年時整修的成果，目前屬於市府財產。

古老傳說表示，居住在這座城堡裡的人的命運，是由一隻城牆內的白貓掌握住的。因此，在整個城堡的牆上，到處都是與白貓相關的馬賽克、繪畫、雕塑與各種裝飾物品。今日，遊客入城參考都會進行尋找白貓的活動，努力發現各個藏在城堡內的白貓，在龐大的花園裡就藏有九隻白貓。不過，其實在入口處索取的地圖上就有標明白貓的位置，但這項神秘又有趣的參訪活動還是十分受到小孩子喜歡。

此外，在都柏林的聖三一大教堂的故事，也十分吸引注目。這座大教堂與聖派屈克大教堂，皆是都柏林市中心最多人拜訪的建築物。三一大教堂建於十一世紀，完美結合了羅馬式與哥德式風格，而且教堂內一處極小的中世紀墓穴，吸引了極多的目光停留。

墓穴裡有貓與老鼠的木乃伊軀體，這一對永恆不變的怪異夥伴也被愛爾蘭知名作家喬伊斯（James Joyce）寫進了他的作品裡，即大家熟知的「湯姆貓和傑利鼠」。這兩個角色背後有一段可憐的故事。故事發生在1850年，當時湯姆貓全心一意追捕傑利鼠，結果雙雙被卡在管風琴的管子裡。被發現時已是十年以後，當時的貓與鼠都變成了木乃伊，也變成了當地傳奇的一部分。

1850年,貓追老鼠,雙雙被困在都柏林聖三一教堂的管風琴裡。現在,成為了民眾上教堂最大的看點。

事實上,貓咪除了在愛爾蘭的歷史中留下了深刻的印記,時至今日也仍有很多由貓咪創下的卓越成就。例如,有一隻名叫史蒂夫(Stevie)的盲眼貓咪,透過攀登愛爾蘭最高峰的方式,來為貓咪收容所募款,或是在YouTube的有趣貓咪短影片中,黛西(Daisy)與一隻勇敢貓咪的有趣互動。這些神秘的貓咪已成為愛爾蘭文化中有趣又令人著迷的部分。每一段無法捉摸的生命歷程,都讓全世界的各個愛貓人士都想一探究竟。

大英圖書館的館藏《貓之詩》（*Tamra Maew*）手稿。詩文展示泰國人對悟道的貓咪的熱愛。

13
泰國，東南亞轉世貓咪的好運

「小貓可謂偉大傑作。」

——達文西（Leonardo da Vinci）

　　泰國坐落在東南亞神秘土地上，不斷散發著自身獨特的光芒，而曼谷是這個美妙國度脈博跳動的中心，匯聚政治、商業與工業的大都會。

　　在此國度，百分之九十五的居民，約七千多萬的人口都是虔誠的佛教徒，日常生活遵循著佛教教義的指導。然而，多數人也相信萬物之間都有連結，而這種想法的根源，來自於泰國人的神秘信仰。

　　泰國人會僱請巫師作法，有自己的幸運數字，或刺青抗煞，一切都是為了避免不幸的魔爪伸向自己。因此，對他們而言，即使是穿梭於陰陽兩界的貓咪，也是抵禦厄運的守衛。

　　所以，貓在泰國除了是一起共度平靜時光的寵物外，同時也具備了發財致富的功能，以及閃避小人的功用。不過，在更深入探索泰國與貓的關係前，我們最好先認識當地三種出名的貓咪品種。

首先,是暹羅貓,這是世界知名的品種,雖然對許多人來說此種貓的起源仍個謎。不過,因為泰國前國名就叫暹羅王國,也許認為境外才把小貓以此取名,而在泰國境內此種小貓被稱呼為「月亮鑽石」。

　　泰國人認為暹羅貓是純潔神聖的動物,為古代王國中佛教廟宇的守護者。正因如此,這個品種的貓不僅是皇室的專屬物品,也是民眾崇拜的對象。在習俗中,若有身分地位的人去世,遺體旁通常會放上一隻暹羅貓,因為貓是靈魂守護者的化身,所以死者的靈魂能夠進入貓的體內。一旦靈魂進到貓身以後,貓就會被帶往寺廟,過上舒適的生活,畢竟守護靈魂的任務並不容易啊。

泰國御貓一般指雙瞳異色的白貓。

其次，另一個貓種是泰國御貓，又稱「鑽石眼」，特色是毛色潔白且有獨特的具雙瞳異色現象（一隻藍眼，一隻可能為綠眼或琥珀色的眼睛）。在西元 1300 年時，暹羅王國就養此貓種。自此，民眾一直相信泰國御貓能帶來好運與幸福，是十分受歡迎的品種，而且也是朱拉隆功（於 1873 年至 1911 年統治泰國，又稱拉瑪五世）國王的最愛。此外，拉瑪五世不僅讓泰國保持獨立，成為東南亞國家中唯一一處不是歐洲的殖民地，並也為也為國家的現代化進程做出了偉大貢獻。這不正好說明貓與泰國的財富與繁榮有關嗎？

科拉特貓看起來像俄羅斯藍貓，在泰國會送給新婚夫婦兩隻科拉特，祝賀喜事連連。

最後一個有名的品種是科拉特貓，是綠眼與藍毛的貓咪，很像俄羅斯藍貓。泰語把此貓稱為 si-sawat，直譯就是「好運」或「繁榮」的意思。在泰國的習俗裡，祝賀新婚夫婦或祝福德高望重的人，便會送上一對科拉特。

在此，有一事要釐清，科拉特貓作為禮物贈送是為了祈求好運，而不是「買」來當寵物。也就是說，愛此貓並不是因為對科拉特貓的喜愛，而是渴望擁有其背後象徵的財富，以及幸福御守的意義。所以，有些地方在舉行祈福儀式時，會把科拉特貓關在籠子裡遊街，一路唱歌跳舞穿過城鎮，就是希望貓咪的喵喵叫喚可以引來雨水，讓村子五穀豐收。

顯然，我們介紹泰國不僅是因為那是個美麗好客的國度，而是泰國深刻描繪出不同與我們習以為常的文化思考，才讓泰國脫穎而出。現在就讓我們一同去探索泰國的貓都與宗教之間，是如何開啟一段密不可分的歷史。

在泰國，貓與佛教的關係是建立在靈性上。對泰國人來說，貓咪能帶來平靜，創造出祥和，且還具備了治癒心靈方面的能力。他們堅信貓咪身上散發的特殊的光芒，能讓我們進入自身的潛意識中，從人類最深層的本質中理解悲傷與擔憂。

某些佛教教派中認為貓是已經悟道的動物。至少從外觀看來，貓咪就像是一直在冥想的小沙彌。因此，允許貓在寶殿裡自由走動，或是攀爬到佛像上。

🐾 貓，超高的靈性等級

事實上，貓咪的形象與佛教有緊密關連並不奇怪。從泰國流傳的各個傳說中，便可略知一二兩者的親密關係，並且也能理解貓如何在時間的考驗中，能夠上升至和平的象徵，影響了全亞洲各地廟宇與貓的關係。

首先，泰國當地的某些地區仍然相信親人去世時，要將貓放入一個留有小開口的墓穴中。因為民眾認為若死者生前有夠高的修行，那麼靈魂就會進到貓的身體裡，在貓的七生中進行更高層的修行。因此，若貓從地底出來，家人就會認為已經轉化成功。

在泰國，貓與寺廟關係十分緊密。根據研究指出，貓會幫助人類冥想，提高注意力，並為周圍創造祥和氣氛。

當然，貓的生命有長有短，但人類在貓身體中將可因其存在而進行自己的精神修練。貓過著自己的生活，而憑藉於此的人類則在自己修習的道路上前進。當貓離開世界後，人類的靈魂也已準備好前往一個更高的光明層次了。

　　對於這片充滿靈性與傳奇的土地上，曼谷是個知識的寶藏，而在此我們要認識的寶藏就是 *Tamra Maew*，譯為《貓之詩》，目前已知這是多本有不同內容的不同書籍，因時代久遠多已遺失。從現存的手稿看來，可知是一種用桑皮樹製的桑皮紙，折疊成像手風琴一樣可伸縮展開的形式。目前手稿，由大英圖書館收藏，標題為《貓論》（*Treatise on Cats*）。

　　《貓之詩》的形式是由多張紙接起來的，垂直展開可見十二張對摺紙，一頁由兩張紙組成，所以共有二十四張紙。據說現在流傳的副本來自十八世紀，用泰語寫成，可惜的是作者匿名。

　　這些手稿反映泰國人對貓敬重的長遠歷史，因為撰寫的內容十分詳實地進行貓種的分類與彙編。書中的插圖精確地描繪出每個品種明顯的特徵，並用註釋仔細說明不同的貓的行為、性格、美德、缺陷、可能的疾病，以及最令人驚訝的部份，文中也記載了貓的靈性潛能。

　　《貓之詩》讓我們驚嘆古老泰國對貓咪的深刻理解，且十分驚人的記載了與其他世界的關係。書中鉅細靡遺地描述不同貓的各種效果，例如帶來好運、趨吉避凶、治療病痛，或創造和諧等。由此可見，從古至今，泰國養貓的人十分看重這些功效的影響。

當然，此份手稿中，泰國的暹羅貓是最廣為人知的，可知此品種源於 1600 年左右。但文中還詳細描述 22 種不同典型的貓，例如 singha sep（獅子）是黑毛，鼻子、嘴巴與脖子附近有白色斑點；thong daeng（銅）為橘毛，據說可辟邪；ninlarat（深藍寶石）毛色是帶有寶石色深的深黑色；saem sawet（另類白）是黑毛中帶有整身的白線條，有明亮的金眼睛。

🐾 在貓眼底下的打坐

泰國與貓的靈魂緊密纏繞一起，因此許多傳奇故事內容幾乎與深層精神修行有關。例如，佛教的故事便表示，曾有一隻貓睡在佛陀的袈裟上，佛祖為了不打擾貓咪的歇息，便剪下被貓躺著的那塊布，才起身離去。

據說自此，貓咪也開始與佛陀一起打坐。而在佛祖離世後，弟子決定繼續讓那隻陪伴打坐的貓，仍可以一起參與禪宗佛學課，以及打坐修行。這個事蹟很快就傳遍了附近的每一間廟宇，所以在那貓離世後，許多寺廟在修行打坐時都已經有貓咪的陪伴。

十分有趣的是，已有科學研究指出貓的存在可以提高人類的注意力與平和的感受。而佛教的故事中，貓與人類精神實踐也是以此方式連結來的。

然而，貓在寺廟的命運多舛。不久後，因為新擔任的法師對貓咪過敏，便將貓從打坐的陪伴中清除。

那段期間開始有一說法表示，應該要專注禪宗的修行，不

必要有貓咪的存在。直到好幾個世紀過後，貓咪才又恢復了佛教的地位，再次受到廟宇的歡迎。

在這一段曲折的故事中，顯見貓咪在時間的流變下，不僅只是打坐的同伴，也是信仰演變的象徵。貓與泰國的歷史、宗教與文化深深的交纏在一起，在此國家中心印下足跡，讓所有人對貓咪的情感交雜著愛慕與敬重。

在泰國，貓的生命散發著靈性的光輝，所以若貓咪向世界告別，前往喵星球，當地民眾會為其舉行葬禮，以火葬的方式來紀念貓的一生。

葬禮儀式包括誦讀佛經，在虔誠的念誦中指引貓魂進到下一個生命輪迴。貓的骨灰會小心的裝進袋子裡，丟到與泰國日常文化最息息相關的湄南河裡。

此外，與骨灰一同投擲進水中的，還有作為純潔、歡喜象徵的鮮花，祝福一路好走。鮮花流水是佛教對輪迴生死觀的信仰表現。由於泰國佛教徒受印度教的宇宙觀影響，認為靈魂除了轉世為動物或人類外，也可能在天堂或地獄度過數千年，一切取決於累積的善惡業力。

貓咪的葬禮不僅是向貓致敬，同樣也是再次強調眾生之間的深厚連結，提醒宇宙能量與靈性之間的不斷流動。儀式，並不僅是在悼念這個人類忠誠的伙伴與家庭成員的離開，而是在見證生命靈魂繼續向前轉動。

多年來，泰國寺廟對貓都十分友善，因此也深受貓咪魔力的守護著。像是廟宇喜歡暹羅貓，其理由十分有趣，因為這種貓是活警報，只要有陌生人靠近就會喵喵叫，提醒僧侶注意，

可說是超高效率的守衛。如此一來，暹羅貓因為自己的天性便擔負起守護聖地的工作，為廟宇環境安全發揮了重要功能。

🐾 暹羅貓傳奇

許多人認為暹羅貓十分貴重，而且品種稀少。過往是獻給泰王的獨特禮物，因而具有神聖的象徵。只有皇室家族或僧人才有資格飼養，若從皇室中盜竊一隻皇家暹羅貓的話，會被判處死刑。顯見，暹羅貓在泰國社會的崇高地位。

一對暹羅貓從泰國運往英國。影像出自1934年韋德（Phil Wade）《暹羅貓》書中。

歐洲會出現暹羅貓，是由於泰王把一對暹羅貓，送給英國駐曼谷的領事顧爾德（Owen Gould），如此暹羅貓才開始引入英國。一年後，1871年，顧爾德的妹妹讓這一對貓咪在倫敦水晶宮亮相。後來，二十世紀初，暹羅貓在美國的世界博覽會上展出。

最原始的暹羅貓引起很多話題，主要是因為外觀十分獨特，像細眼，或是尾巴會捲起來的樣子，所以出現許多的揣測，也生出各種傳說。事實上，這些外觀特徵在今日都會被認為是缺陷，但過往會為此現象編撰故事，尋找說法，也讓暹羅貓擁有如此豐富有趣的事蹟。

暹羅貓的東方傳說中，有些故事認為是因為貓咪在泰國的工作是看守寺廟中裝滿黃金的珍貴陶罐。由於貓咪十分專注執行任務，緊盯陶罐，眼睛便不由自主的瞇了起來，而尾巴因緊緊纏住陶罐，所以會不停環繞著拍動著。而另一個故事表示，以前有兩隻暹羅貓被交付尋找丟失的珍貴酒杯。酒杯由一隻貓找到了並負責把消息帶回去，所以就有另一隻貓留下來保護杯子。守衛的貓由於擔心酒杯又會不見，所以用尾巴圈緊杯子，一直忍耐著維持這個姿勢，而眼睛因為很用力的盯著酒杯，導致有點鬥雞眼。

而另一個傳說是，曾經有一位公主因為擔心沐浴時戒指丟失，所以決定由暹羅貓來看守。所以，她把戒指套在貓尾巴上。然而，這隻貓咪竟在公主沐浴時睡著了，戒指從尾巴上掉落。之後，公主為了防止這種情況發生，在貓尾巴上打了個結，所以貓咪才會留下如此獨特的標記。

關於暹羅貓的魅力已不僅發生在泰國,而是漂洋過海在其他土地上也持續流傳著。事實上,就連基督教文化中的諾亞時代,都有一則故事提及了暹羅貓。

據說,在諾亞方舟裡,有一道老鼠難題,因為老鼠氾濫危及了糧食。諾亞絕望的向上帝求助,請求指引,上帝讓他撫摸獅子的頭三下,待獅子打噴嚏時,會有貓從獅子的鼻子鑽出來。如此一來,船上的老鼠數量才獲得控制,恢復了方舟的平衡。或許,這也說明貓的影子就像獅子的影子一般。

在這些故事中,我們也可以發現無需研讀佛經,也可以欣賞到貓咪的獨特性。我們一樣可以從貓咪深邃的目光中踏上內省的道路,透過貓神秘的姿勢學會日常生活的瑜伽練習。貓是優雅、和諧的偉大老師,用王者氣息圍繞住我們的生活。

以貓命名的城市

在此,我們將越過泰國南部的邊境,進到馬來西亞的領土上。該國有三千四百多萬的居民,人民友善親切,食物美味可口,生活歡愉順遂。馬來西亞的生活模式與泰國十分相似,都有自己虔誠的宗教信仰,主要以伊斯蘭教為主。然而,這個宗教的現實觀又如何與可愛的貓咪相關?

正如前幾章所述,伊斯蘭教對貓十分敬重,部分原因是伊斯蘭教的先知穆罕默德與貓的特殊情誼。伊斯蘭教徒皆十分熟悉先知與貓咪米埃扎(Muezza)的故事,也很珍惜這段緣份。而這同樣也反映了在馬來西亞的人民對貓民的喜愛,表現出了

強烈保護貓咪的決心與毅力。

　　古晉可謂是馬來西亞最有異國情調的地方,這座城市是砂拉越的首府,也是遊客前往婆羅洲島的交通樞紐。這座城號稱是愛貓者的天堂。有人表示馬來語發音的「古晉」,即是「貓」的意思。

古晉貓的雕塑

事實上，城市名字的出處仍然是個謎。對此相關故事很多，其中廣為流傳的，是當此地成為英國殖民地時，統治者布魯克（James Brooke）一日指問砂拉越河對岸的名稱，回答者誤以為他指的是路邊的一隻貓。不過，此故事有一處說不通，因為住在砂拉越的馬來人稱貓為「普薩特（pusak）」而非「古晉」，所以很多人質疑此故事的真實性。

　　其實，除了這個較為誇張的版本外，另外也有其他聽起更較合理的說法。最可信的解釋是，古晉最初稱之為科晉港（Cochin-Port），這個詞在印度與印尼很常見，而古晉就是由此衍生出的名稱。不過，值得注意的是，在布魯克之前，此城就只稱為砂拉越。

　　無論如何，古晉驕傲的認證自己的名字來自「貓」的意思，因此有許多跟貓相關的節慶。住在古晉城的居民有馬來人、華人與印度教徒等不同文化民族，而每一個民族都與貓都有著各自特殊交情。

　　古晉比起世界各地來說，此地的流浪貓不多，在街上能見到的貓，不是紀念碑，就是紀念品、貓像與其他相關的物品。其中最有名的地標，是位於南市市政廳附近的一隻約三公尺高的白色小貓雕像。

　　小貓的服裝會根據重大節日更換，例如農曆新年穿紅色背心，開齋節穿綠色背心，聖誕節穿聖誕老公公的服裝。

　　要見識古晉對貓的熱情，可參訪古晉貓博物館。館內有四個展廳、分別收藏繪畫、雕像、以及各種有趣的貓咪訊息整理表……等共4000多件豐富多樣的文物。其中，最著名的一件

物品是一具約西元前 3000 年至 3500 年間的貓咪木乃伊。此木乃伊是出土自埃及的貝尼哈桑省（Beni Hassan）。此外，博物館內還擁有全世界唯一一隻的婆羅洲金貓標本。此貓是生活在婆羅洲叢林中的稀有貓種。

馬來西亞的日常生活中，隨處都有跟貓咪有關的小巧思。例如，學生在砂拉越國際高等工藝學院（簡稱 I-CATS）上課，地方廣播電台名稱為 Cats FM。另外，古晉城裡立了一根巨柱，頂端是古晉市的市徽章中的正義天平與金貓的雕塑，而柱子下是由四隻白貓守護著。

馬來西亞的本質中對貓的熱愛，可由迷人的古晉城舉辦的特殊貓咪節日略知一二，他們以獨特可愛的方式慶賀人與貓之間神秘非凡的連結，讓貓跡深深的烙印在我們所處的人文世界之中。

事實上，馬來人與貓之間的獨特連結，早已顯露在他們整個傳統歷史之中。早在麻六甲蘇丹國建立前，對貓的熱愛就已在當地生根了。世界各地如中國、日本與馬西亞等國家中，都在不斷編織著自己與貓有關的一套傳說與信仰。像是產錫大國的馬來西亞，普遍相信貓咪是家庭的守護者，不過有趣的是他們卻嚴禁貓咪進入錫礦場，認為貓會為礦工帶來厄運。

現在，馬來西亞對貓的喜愛，表達的方式可謂十分奢華獨特，因為在此國就有一家位於吉隆坡郊區的《五星級貓咪旅館》（Catzonia），這家新創貓旅館不僅提供貓咪住宿，解決顧客外出安置心愛寵物貓的困境，館內的設施還包含了個貓衛浴、貓咪遊樂場，以及貓咪美容美髮，發情貓的約會安排等一系列

服務。每一隻挑剔的客戶在此都能得到最棒的體驗。

　　這家旅店共有35間房,並分成四種房型。而且,全都會配合貓主的需求與願望調整。房型中最高級的是VVIC（very, very important cat。非常非常重要的貓）的豪華套房,房內有三張床、迷你圍欄,並供應一日三餐的可口美食。而馬來西亞人如此寵愛貓咪,因為他們並不僅僅把這些神秘動物當成寵物,更堅信貓咪可以守護家園,為主人帶來好運。

　　貓咪每一次的呼嚕,每一次的神祕凝視,每一次的頑皮打鬧,都不斷提醒我們貓的神祕天性,以及與神聖之間的連結。貓咪守衛著古老的秘密,見證著無數不為人知的事件。人類對貓的敬重與喜愛是不分文化與宗教的,因為貓已經用自己的足跡編織到了人的故事中。因此,讓我們懷著虔誠與欽佩之心情,繼續與這些具有魔力的貓分享自己的生命。

塞普勒斯島上，聖尼古拉修道院裡的貓

14

塞普勒斯，
9500年前人類便寵愛著貓咪

「身處在總是有點瘋的世界裡，
貓卻走的十分堅定。」

——安博生（Rosanne Amberson）

在這座歷史與地中海融為一體的優美島嶼，塞普勒斯島，貓咪在此敘述著自己流傳至今的魅力與神秘故事。

據說，眾神對於貓能輕巧走在古老寺廟的石塊上，感到十分畏敬。在基提翁（Kition）古城（現稱拉納卡城）發現的重要銘文中，就描繪了貓咪當時的崇高地位。顯然，在數千年前的塞普勒斯社會中，貓就十分受到重視了。

我們穿梭於村莊狹窄的巷弄間，一邊欣賞著貓咪奇幻的目光與優雅的走路姿態，一邊端詳臆想著他們的沉默中又死守著什麼島嶼的秘密。這些貓是長者安靜的知心好友，見證著積厚流光的平靜日常。

在酒吧與小酒館中，貓咪會游走於每張桌子間，使出渾身解數討取顧客歡心。在島上好幾家酒館認為餐廳裡有貓能帶來生意興隆，讓食物更美味，客人用餐更愉快。

島上的貓知道自己受歡迎，瞭解自身的存在、毛上的斑點與輕柔的喵喵叫聲，都能為島嶼增添更多的神秘魔力。眾所皆知，貓擁有古人的智慧，他們能記得丟失的寶藏藏匿的位置，並具有敏銳的洞察力知道該找誰作伴。

塞普勒斯島關於貓的傳說始於西元四世紀，據說當時島上出現勇猛的捕鼠專家，來歷十分特殊，他們是在聖海倫納（即偉大的君士坦丁大帝的母親）幫助下抵達此處的。

捉蛇高手

當時，此地正處於無情的乾旱時期，迫使許多居民搬離家園。然而，聖海倫納早已決定要在此處成立一間聖尼古拉修道院，所以她並不屈服環境的惡劣，而是靠著自己非凡的智慧與無私奉獻的精神來克服難關。

然而，讓聖人始料未及的是，島上有很多毒蛇到處流竄，出沒無常。因此，她想出了一個獨特且流傳千秋萬史的解決方案：從埃及與巴勒斯坦運來一艘滿載貓咪的船。她的作法不僅解決當下的困難，也為未來的人民不必再受到這些毒蛇所苦。

如此一來，便開啟島上的僧侶與貓咪好幾個世紀的聯盟。僧侶在每天的黎明與黃昏時分都會敲鐘，此時貓咪會自動前來取食，補充狩獵的體力。當時，在修道院常可見到勇猛的貓咪

大戰毒蛇的搏鬥場景。

聖尼古拉斯修道院建於西元 327 年，有許多的捐助，僧侶也會熱心咪的照顧貓咪以示感謝。多年後，1484 年，一位威尼斯旅人，名叫蘇里亞諾（Francesco Suriano）的著作中，記錄下了這個驚奇的聯盟關係：「這些貓都是奇蹟，幾乎每一隻都被蛇傷過：一隻沒了鼻子，另一隻掉了耳朵，另一隻瞎了一眼，或更慘兩眼皆瞎。可是奇怪的是，每回到了吃飯時間，一聽到鐘聲就聚集在修道院前。而在下次鐘聲響起，全都吃飽離開，再與蛇搏鬥去。」

聖尼古拉斯修道院是聖海倫納在蛇類出沒的塞普勒斯島上建立的，貓讓這個島變得適合人類居住。如今，島上的貓科動物數量比人類還多。克里斯托夫·哈蘭特（Kristof Harant）1608 年旅行日記中的版畫。

正在伸懶腰的阿芙蘿黛蒂貓

　　多年後，1573 年，呂西尼昂（Stephen de Lusignan）神父在《塞普勒斯島地方志與簡史》中寫道，修道院周圍的腹地都屬於修道院的，只是條件是要餵養一百多隻的貓。

　　貓咪的生活條件隨著時代變遷，也經歷了很大的變化，有過可怕與幸福的不同階段。十六世紀末，奧斯曼帝國入侵島嶼，摧毀了修道院，因此讓一向過著平靜生活的貓咪得開始自尋生計。

　　1983 年，六位修女決定修復修道院，並且復興與貓咪聯盟的古老傳統。雖然當時修道院已經不再需要貓咪捕蛇，而是貓可以自由地在修道院的中院與花園裡建立自己的家，但貓咪仍盡到保護修道院的任務。當時由於塞普勒斯的政府並沒有為重建工程提供足夠的資源，所以重建工作有一部份要依靠捐募，

因此修女透過貓咪的生存權利，來向旅人與當地信徒的募款。而這些貓就稱為塞普勒斯貓，儘管這不是官方認證的品種，但卻與這片島嶼土地有著無法切割的深刻連結。

此外，島上的貓並不僅只是象徵著古代神話的守護者，也可能還是人類關係最久遠的家庭家員。2004 年，法國考古學家，維更（Jean-Denis Vigne）主持的挖掘團隊，在當地發現一個跟貓咪有關的古老起源。

貓咪聖海倫納

當地的希魯卡博斯（Shillurokambos），一處屬於新石器的前陶瓷時代遺址（該遺址的歷史可以追溯至公元前九世紀初），在人類骨骸旁發現有一隻不到 8 個月大的貓咪遺骸。這項發現挑戰大家以往普遍對貓咪的認知，一般認為貓咪是在古埃及的土地上馴化的，因為那裡有著深厚的貓咪崇拜文化，而且也曾挖掘出距今 3600 年前的家貓遺骸來證實這項推理。然而，這一隻塞普勒斯貓與其主人分享生命最後的安息之地，是出土於 9500 年前，如此一來便徹底翻轉至今對人類與貓之間的理解。

這隻出土的貓咪的骨架十分粗大，與「亞非野貓（Felis silvestris lybica）」有驚人的相似之處。似乎塞普勒斯貓仍隱藏著許多秘密，就如同他們見證了與人類共同居住的最早歷史一樣。人與貓之間的緊密的紐帶早已在和平的塞普勒斯島上維持了數千年之久。

🐾 貓與政治

在島嶼的土地上，繁衍出的塞普勒斯貓有兩種高貴的血統脈絡。只是這兩種血緣之間的算計與緊張關係，並不是來自於貓咪之間，而是源自於土耳其裔與希臘裔之間的歷史衝突。

在 2010 年時，當地爆發一場關於高貴品種的阿芙蘿黛蒂貓（Aphrodite）的爭議。這個高貴品種的貓咪最大的特色，即是漂亮的身形與溫和的個性。所以，塞普勒斯的貓咪動物協會（CFS）想要讓此品種列為國家遺產，但土耳其人在此時也爭

相表態該品種的隸屬方,而同樣長期從出口此血統貓咪至國外的希臘人也不滿此決定。

塞普勒斯貓咪聯盟(ASFC)對於土耳其人的作法十分憂心,認為他們將此品種與土耳其的其他本土品種交配,再註冊為自己的特有種,將會損害品種的純正性。

衝突中,社會大眾積極表示譴責,認為該努力維持塞普勒斯貓咪的血統純正性。

其中,塞普勒斯的大主教透過發言人也表達了立場,明確承諾會支持這些與自己國家歷史傳統緊密交織的貓咪。他表示教會作為信仰與文化的守護者,將會努力捍衛貓咪的血統。

地中海上的島嶼,一種貓卻有兩個民族力求從中保存自身高貴的血統。一邊是「阿芙蘿黛蒂巨型貓(aphrodite giante)」,被眾人認證為世界上最古老的家貓品種。此貓的特徵是後腿非常長,很適合山區活動。此外體型大而細長、肌肉發達強壯,有一對尖尖耳朵,頭骨為三角形。不過,這些特徵都要到三歲發育成熟時才完全顯露出來。事實上,此貓的品種在2012年已得到了世界聯會貓會(WCF)的正式認可。

而另一邊的貓的模樣,是可愛的聖海倫納貓,身材短小,耳朵較寬。其實這兩種貓在沒有人類的影響下,長久以來都保持著自己純正血統,默默地見證自身與塞普勒斯島共同擁有的豐富遺產。

🐾 病毒消滅了大量貓住戶

島上的黎明時分,善良的人類把早餐帶到墓園,貓咪會從的石碑中探頭探腦的出現,來到食物的面前。然後,輪到修道院的貓,接著是島上其他地方的貓。

官方沒有正式調查過貓咪的數量,但根據動物協會的數據,可知島上貓的數量最少與居民人數一樣多,也就是說有一百萬隻。而且,此數字只會往上增加,因為貓常常沒有結紮就被棄養了,便導致每年會有一波新生兒降臨於世,貓咪收容所竭盡所能因應貓咪數量過多的問題,但成效不彰。

然而,在 2023 年,貓咪間開始傳播一種惡性突變的冠狀病毒,即貓傳染性腹膜炎(FIP),一層不祥的陰影籠罩在流浪貓的身上,病毒無聲無息地悄悄奪走一隻又一隻的貓,留下墓園一片淒涼。

該病毒為腸冠狀病毒的突變,傳染速度十分兇猛,當地 90% 的貓都受到波及,收容所遺憾表示有 30 萬隻貓染病後離世。

貓咪患上此病毒的症狀是發燒、腹脹、虛弱,有時甚至還會出現攻擊性。對這種疾病的診斷十分困難,而且當地沒有足夠的醫療資源來處理。發病過程,貓咪會痛不欲生,但無法表達的貓只能奄奄一息的等待死神的召喚。

這群勇敢的貓咪來到這座島嶼,發揮自己天生厲害的狩獵本能,幫忙清除田野間的毒蛇,控制鼠患。最終,在這座地中海島的天堂中,貓卻沒有受到特殊照顧。人類忘恩負義的本性,再次顯露無遺。

聖誕貓的傳奇故事，講述懶惰的孩子在聖誕節收不到禮物，目的是鼓勵小孩在即將臨的聖誕節前夕要幫忙做家事。插圖由拉克姆（Arthur Racham）於 1920 年繪製。

15
席捲冰島的貓咪

「看著貓眼會察覺一事，
裡頭暗藏玄機。」

——科塔薩爾（Julio Cortázar）

　　冰島是大西洋上的島國，位於挪威與格陵蘭島之間，人口35萬人，冬季嚴寒，氣溫幾乎不會高於零度。或許正因如此，狗並不是冰島的首選，在首都雷克雅維克，全國三分之一的人都居住於此，小狗的數量幾乎才2000多隻。

　　過去，冰島是禁止在市中心養狗的，因為狗應該要生活在寬廣農場才行。在此，沒有關於貓咪數量的統計，不過應該會比狗多，因為從古至今都未禁止市民養貓。在冰島語中，「貓」稱為 köttur，更親切的叫法是 kisi 或 kisa。

　　儘管冰島是個非常安全的國度，待貓咪親切的好地方，但貓咪入境並不容易，除了要取得條件非常嚴格的寵物入境護照外，根據當地法律規定動物入境島嶼要進行隔離管制。也就是說，就算申請到動物護照的寵物入境，動物也很可能在我們

假期結束時,才出現。另外,寵物還要有晶片,以及入境前一年內接種的狂犬病疫苗證明,而且此份健康證明必須由冰島出示,由冰島獸醫簽發的。這真的已經超乎我們能力所及了。

　　冰島的觀光客若到超市,應會很驚訝貓糧與兒童食品放在一起。不過,當地人習以為常,並不會搞混,因為他們都會注意到綠色標籤是貓咪食用的。

　　冰島上的貓就如同世界各地許多地方一樣,都很能吸引觀光人潮。優雅在街上漫步的貓咪,十分惹人注目。在此,雖然有流浪貓,但不多,因為多數貓咪都有自己的住處與貓舍,日常貓咪都可以隨意離家漫步,探索自己喜歡的東西。在冰島,在街上遇到的貓咪都是過著豐衣足食的日子,健康漂亮。常見的品種除了歐洲短毛貓外,就是俄羅斯藍貓與挪威森林貓,因

為這兩些貓都能跟小孩子處得很好。

在此,每隻貓都有自製的項圈與吊牌,上面有地址與人類家庭的名字,以此顯示這些貓咪不是流浪貓,而是有歸屬的。資料通常是冰島語與英語,以防有人搞錯。所以,在外頭的貓通常不會理會別人贈予的食物,因為他們從不挨餓,但會願意讓人撫摸與擁抱。

2017年,當地網路上的電視頻道 Nútiminnn 為了呼籲民眾收養無家可歸的貓咪,播出《與喵戴珊姊妹同行》(*Keeping Up With The Kattarshians*)。節目內容是貓咪實境秀,每天二十四小時直播五隻小貓的生活日常。節目由冰島貓保護協會贊助。儘管立意良善,但也是費了好大的功夫才獲得動物福利單位的批准。

《與喵戴珊姊妹同行》的節目劇照

在此,再次證明貓咪是天生的網紅流量明星。節目迅速走紅,五隻貓各自截然不同的個性,以及不時的滑稽的動作,吸引世界各國的觀眾關注。

該網站電視臺的流量快速上升,追蹤人數爆增,粉絲來自世界各地。實境秀最初的五隻貓中,有兩隻全黑的黑貓很快就被收養了。在節目中,五隻貓住的玩具屋內,各個方位都裝上隱藏攝影機,讓大眾能有機會親眼目睹貓咪實際日常的無所事事。

節目名稱為《與喵戴珊姊妹同行》,其實有些諷刺意味,因為其靈感是來自美國真人秀節目《與卡戴珊同行》。

觀眾十分愛看貓咪相互擠進小浴缸,或是一起攀爬到高處等鏡頭。此外,觀眾在網站上可以選擇特定攝影機來觀看小貓行動的方式。五隻小貓都擁有自己的雙層床鋪、沙發,而且整個房子都是他們的樂園。

每天照顧這些小貓的人,是冰島貓咪保護協會的志工。他們會確實檢查貓咪的健康,維持良好的生活環境,確保飲食無虞,並與人類交際等。志工工作的這個部分(包括貓與人社交)都不會播放,攝影機並不拍攝此內容。

觀看此節目的人都是來自世界各地的愛貓人士,節目粉絲就高達數千名,如果他們發現任何不妥之處,便可立即提出建議和評論。該節目的創建者卡爾斯多蒂爾(Inga Lind Karlsdóttir)在線上串流播出非常自豪。畢竟,此節目為網站創下史上最高的流量。

事實上,節目的爆紅或許正如她所說的,因為每天我們

一醒來接收的全是可悲不幸的消息，這讓人轉而選擇坐在螢幕前，只想輕鬆的看著貓咪睡覺。就算貓咪變得頑皮，開始破壞環境的一切，這些愛貓人士還是覺得可愛。

這個節目很棒的地方，是能創造更深的連結。小貓在實境秀的屋內只會待上三個星期，然後就會被透過螢幕前，愛上他們的人類家庭收養。其後，別的貓咪也同樣在這間實境秀中獲得大眾的關愛，而且獲得領養的機會。僅此原因，冰島的這檔實境秀節目就很值我們成為忠實粉絲不斷支持下去。

🐾 像聖誕節的貓一樣結束

在冰島，我們發現了一些新奇有趣的事。例如，有一家飯店正式僱用第一隻捕鼠貓。這隻貓咪的冰島語名字非常難發音，但翻譯過來的意思是「丹尼爾的女兒」。這隻明星貓最高光時刻，是有 7000 追蹤者持續關注她的動態。

目前就我們所知，這隻勞動貓出生於塞爾福斯（Selfos），她每天開始的第一件事就是叫醒自己的兄弟姐妹，然後才出門，而若在飯店的大廳裡有人問起她，大家就會喚她去接待客人。

當然，貓咪的追蹤人數是比飯店還要多。

冰島有很多貓咪的俗語，有些很奇怪，例如，若有人講話彆扭，不懂如何切題時，在冰島語中就會說：「像貓兒圍著熱粥打轉」。很有畫面吧？

另一個俗說「像聖誕節的貓一樣結束」是典型的空手而

雷克雅維克廣場上的聖誕貓（Jólakötturinn）的聖誕裝飾品（照片：Atli Harðarson）

歸的說法。這句話與冰島民間傳說中聖誕貓有關。傳說中，這種貓體型巨大，性情兇猛，會一口吞掉不努力工作的人，以及平安夜裡沒有新衣服的人。這隻貓就如所有的貓一樣，非常怕冷，所以會在聖誕節的夜晚四處走動，鑽入溫暖的房子。若發現房子裡的小孩不愛做作業，他也會二話不說視為獵物，吃掉小孩。

據說這個傳說是很多年前農村用來鼓勵勞工在秋天（也就是聖誕節前）更努力加班製作羊毛衣。若勞工更加辛勤工作，就會得到新衣服作為獎勵。而落後、懶惰的工人，不但什麼也沒得到，而且會被吃掉。

　　時至今日，在冰島仍有許多人聖誕節會習慣贈送衣服，可能是因為穿新衣服是傳統習俗，但也可能因為若沒收到新衣，穿得不夠多、不夠暖，要會面臨被冷雪吃掉的風險。

　　考慮到冰島的天氣那麼寒冷，很容易理解為什麼冰島人喜歡養貓。畢竟，貓不但會自己外出活動，平時也不太需要人照顧，對忙碌的主人來說省心又方便。

統治世界的貓咪

這是給貓貓讀的歷史課本吧？記錄地球喵界的經典故事，看看他們都對人類做了什麼！

作者	艾絲特・佩卓薩 & 阿穆德納・迪亞茲-米蓋爾	製版印刷	凱林彩印股份有限公司
譯者	謝琬湞	初版1刷	2025年5月
責任編輯	單春蘭		
內頁設計	江麗姿	ISBN	978-626-7683-11-8／定價 新台幣380元
封面設計	謝佳穎	EISBN	9786267683101（EPUB）／電子書定價 新台幣285元
資深行銷	楊惠潔		
行銷主任	辛政遠	Printed in Taiwan	
通路經理	吳文龍	版權所有，翻印必究	
總編輯	姚蜀芸		
副社長	黃錫鉉	※廠商合作、作者投稿、讀者意見回饋，請至：	
總經理	吳濱伶	創意市集粉專　https://www.facebook.com/innofair	
發行人	何飛鵬	創意市集信箱　ifbook@hmg.com.tw	
出版	創意市集 Inno-Fair		
	城邦文化事業股份有限公司	© Esther Pedraza	
發行	英屬蓋曼群島商家庭傳媒股份有限公司	© Almudena Díaz-Miguel	
	城邦分公司	First original edition was published in Spain by Arcopress, a brand of Editorial Almuzara, in 2023.	
	115台北市南港區昆陽街16號8樓	The traditional Chinese translation rights arranged through Rightol Media（本書中文繁體版權經由銳拓傳媒取得Email:copyright@rightol.com）	
城邦讀書花園	http://www.cite.com.tw		
客戶服務信箱	service@readingclub.com.tw		
客戶服務專線	02-25007718、02-25007719		
24小時傳真	02-25001990、02-25001991		
服務時間	週一至週五9:30-12:00，13:30-17:00		
劃撥帳號	19863813　戶名：書虫股份有限公司		
實體展售書店	115台北市南港區昆陽街16號5樓		
※如有缺頁、破損，或需大量購書，都請與客服聯繫			

香港發行所　城邦（香港）出版集團有限公司
　　　　　　香港九龍土瓜灣土瓜灣道86號
　　　　　　順聯工業大廈6樓A室
　　　　　　電話：(852) 25086231
　　　　　　傳真：(852) 25789337
　　　　　　E-mail：hkcite@biznetvigator.com

馬新發行所　城邦（馬新）出版集團Cite (M) Sdn Bhd
　　　　　　41, Jalan Radin Anum, Bandar Baru Sri Petaling,
　　　　　　57000 Kuala Lumpur, Malaysia.
　　　　　　電話：(603)90563833
　　　　　　傳真：(603)90576622
　　　　　　Email：services@cite.my

國家圖書館出版品預行編目資料

統治世界的貓咪：這是給貓貓讀的歷史課本吧？記錄地球喵界的經典故事，看看他們都對人類做了什麼！/艾絲特.佩卓薩, 阿穆德納.迪亞茲-米蓋爾著；謝琬湞譯. -- 初版. -- 臺北市：創意市集出版：城邦文化事業股份有限公司發行, 2025.05
　面；　公分
譯自：Gatos : los felinos que dominan el mundo.
ISBN 978-626-7683-11-8(平裝)

1.CST: 貓 2.CST: 哺乳動物 3.CST: 通俗作品

389.818　　　　　　　　　　　　　　　114003549